国家自然科学基金(项目编号 40676026)资助项目

应用硅藻释读南海西、南部晚第四纪以来的古环境

孙美琴 著

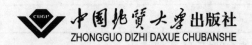

图书在版编目(CIP)数据

应用硅藻释读南海西、南部晚第四纪以来的古环境/孙美琴著. —武汉:中国地质大学出版社,2014.12

ISBN 978-7-5625-3545-4

Ⅰ.①应…
Ⅱ.①孙…
Ⅲ.①南海-晚第四纪-古环境-研究
Ⅳ.①Q911.5

中国版本图书馆 CIP 数据核字(2014)第 247326 号

应用硅藻释读南海西、南部晚第四纪以来的古环境	孙美琴 著
责任编辑:王凤林	责任校对:周 旭
出版发行:中国地质大学出版社(武汉市洪山区鲁磨路388号)	邮政编码:430074
电 话:(027)67883511 传 真:67883580	E-mail:cbb@cug.edu.cn
经 销:全国新华书店	http://www.cugp.cug.edu.cn
开本:787毫米×1 092毫米 1/16	字数:224千字 印张:8.5
版次:2014年12月第1版	印次:2014年12月第1次印刷
印刷:武汉珞南印务有限责任公司	
ISBN 978-7-5625-3545-4	定价:32.00元

如有印装质量问题请与印刷厂联系调换

前 言

本书通过对取自南海的 62 个站位的表层样品和 3 个柱状岩芯进行硅藻、沉积物粒度和地球化学分析,结合 ^{14}C 测年结果和已有的研究资料,查明了该海区硅藻的种类组成及分布特点,探讨了硅藻分布与现代海洋环境之间的关系,进而对南海西、南部晚第四纪以来古海洋环境演变进行了较为详细的研究。

本书从南海表层沉积物和南海西、南部两个柱样沉积物中,共鉴定到硅藻 272 种和变种、变型,隶属 57 属,并附 27 个图版。其中记录 2 个新种和 6 个我国首次记录的种。新种是双角缝舟藻四角变型 Rhaphoneis amphiceros f. tetragona Sun et Lan 和珠网斑盘藻 Stictodiscus arachne Sun et Lan;新记录种分别是 Asterolampra grevillei,Dictyoneis marginata,Plagiogramma papille,Rutilaria radiate,Triceratium contumax 和 Triceratium suboffieiosum。

南海表层沉积硅藻种类丰富,以热带外洋种为优势,伴有一定量的热带—亚热带近岸种和广布种。优势种类为非洲圆筛藻、结节圆筛藻、柱状小环藻、楔形半盘藻、具槽直链藻、海洋菱形藻、方格罗氏藻、菱形海线藻、离心列海链藻以及长海毛藻。其中,热性种结节圆筛藻在南海分布最广,是主要的优势种类。由于各海区环境因素的差异,硅藻遗壳含量分布是不同的,总体上,从陆架至深海盆,其数量呈递增趋势。沉积硅藻的分布受海底地形地貌、水动力、沉积速率、水文气候等环境条件综合作用的影响。

根据沉积硅藻中具有指示意义的硅藻种的分布和生态变化,可将该海区分成 6 个硅藻组合带。各组合分别反映不同的海洋环境,其分布主要受到海洋环流的影响,表现为黑潮暖流、印度洋暖水的入侵以及沿岸流对南海表层沉积硅藻分布的影响。其中,Coscinodiscus africanus、Coscinodiscus nodulifer、Hemidiscus cuneiformis 和 Nitzshia marina 等热性硅藻种类可作为黑潮暖流及印度洋暖水入侵南海的指示种。而 Cyclotella stylorum、Cyclotella striata、Melosira sulcata、Diploneis bombus、Diploneis crabro 和 Trachyneis antillarum 等则可作为判断沿岸流对南海水域影响强度的指示种。沿岸种具槽直链藻在半深海一些区域的大量出现,可能是受到沿岸水的入侵,或者是受到浊流沉积搬运的影响。长海毛藻 Thalassiothrix longissoma 在深海沉积物中大量出现可以作为南海水体高初级生产力的指示种。

对南海西、南部的两个柱状样 SA13-76 和 SA08-34 沉积硅藻研究表明,两孔的硅藻均呈现氧同位素旋回变化特征。根据表层沉积硅藻研究结果可以认为在上升流作用的高生产力区,历史时期的沉积硅藻相比钙质生物能更好地反映古季风演变。南海西、南部海区明显存在冰期时夏季风弱,全新世夏期风强的特点。季风是驱动上升流加强的主要因素。不论在冰期亦或全新世,南海夏季风均存在不稳定性和旋回性的特征。

综合分析地球化学指标和微体古生物指标认为,南海西、南部的古生产力演化趋势在氧同位素 1、3、5 期表现为高的特征,2、4 期表现为相对较低的特征。对 SA08-34 孔各古生产力指标对比研究认为，硅藻和有孔虫、$CaCO_3$ 在 MIS 3 期显著的差异，可能是因为有孔虫和 $CaCO_3$ 均发生了较强的溶解作用；也可能与影响各个指标变化的主要因素不同有关，比如有孔虫受季风气候影响的程度可能比硅藻要小。古生产力演化过程的主要控制因素推测主要受季风影响。

  本次研究的 3 个柱状样中记录的一些气候突变事件，初步认为可能分别与首先在北半球高纬地区发现的 YD 事件及 H 事件（$H_1 \sim H_5$）有关。根据 SA08-34 和 SA09-90 钻孔研究分析，推算南海南部末次冰盛期大约在 13.4~13.1kaBP 时结束而进入冰消期。综合南海西、南部 3 个钻孔所揭示的沉积环境演变非常一致，3 个钻孔反映的南海西、南部的古生产力、古季风、古气候演变趋势大致相同，初步认为晚第四纪以来南海西、南部气候均主要受东亚夏季风控制。

笔 者

2014 年 10 月

目 录

第一章 绪 论 ··· 1
　第一节 古海洋学研究历史与现状 ··· 1
　第二节 南海的古海洋学研究 ·· 2
　第三节 硅藻的研究与进展 ··· 3
　　一、硅藻研究简史 ·· 3
　　二、国内研究进展 ·· 7
　第四节 选题目的及主要内容 ·· 8
第二章 区域地质概况 ··· 10
　第一节 南海位置及海底地形地貌特征 ··· 10
　第二节 海底沉积物特征 ··· 10
　第三节 南海现代表层海流及水温和盐度的分布 ··························· 12
　第四节 上升流 ·· 13
第三章 材料与方法 ·· 14
　第一节 研究材料 ··· 14
　第二节 研究方法 ··· 17
　　一、硅藻样品分析 ··· 17
　　二、沉积物粒度分析 ··· 18
　　三、沉积物地球化学分析 ·· 19
　　四、地质年代测定 ·· 19
第四章 南海表层和柱样沉积物硅藻分类 ··· 20
　第一节 本次发现的新种和新记录种 ·· 20
　　一、新种 ··· 20
　　二、我国的新记录种 ··· 20
　第二节 种类与生态特征 ··· 22
第五章 表层沉积物中的硅藻分布及环境意义 ·································· 36
　第一节 表层沉积物粒度特征 ·· 36
　　一、沉积物类型及分布特征 ··· 36
　　二、粒度参数分布特征 ··· 38
　第二节 硅藻属种组成 ·· 40
　第三节 优势种生态环境划分 ·· 41
　第四节 硅藻分布特征 ·· 42
　第五节 硅藻组合分区 ·· 44

  第六节 南海硅藻生态特征 ··· 47
  第七节 影响表层沉积硅藻分布的主要因素 ··· 48
   一、海底地质地貌的影响 ·· 48
   二、水动力的影响 ·· 48
   三、沉积速率的影响 ·· 50
   四、水文气候条件的影响 ·· 50
  第八节 典型硅藻种类及其环境意义 ·· 51

第六章 柱状沉积物记录的古海洋环境演化 ··· 55
  第一节 年代框架 ··· 55
   一、^{14}C 测年 ··· 55
   二、碳酸盐地层学 ·· 55
   三、沉积速率 ··· 56
  第二节 柱状沉积物岩性和粒度分布特征及环境意义 ······································· 57
   一、SA08-34 孔 ··· 57
   二、SA09-90 孔 ··· 59
   三、SA13-76 孔 ··· 62
  第三节 柱状岩芯中的硅藻分布特征及其古环境意义 ······································· 65
   一、SA08-34 孔 ··· 65
   二、SA13-76 孔 ··· 67
   三、SA09-90 孔 ··· 69
  第四节 沉积地球化学特征及环境意义 ·· 69
   一、SA08-34 孔 ··· 69
   二、SA09-90 孔 ··· 74
  第五节 晚第四纪以来的古生产力演化 ·· 79
   一、古生产力的不同记录 ·· 79
   二、SA08-34 孔各古生产力指标对比 ··· 83
  第六节 古上升流与古季风演化 ··· 84
  第七节 新仙女木和 Heinrich 事件 ·· 85
  第八节 南海西、南部晚第四纪以来的古环境演变 ··· 87

第七章 结论与展望 ··· 90
  一、结论 ··· 90
  二、本研究的创新点 ··· 91
  三、存在的问题及工作展望 ··· 92

主要参考文献 ·· 93
图版及图版说明

第一章 绪 论

温室效应、全球变暖、海平面上升、厄尔尼诺、环境恶化等已经成为影响人类文明进步的全球性问题,世界各国正加强合作,着力解决相关问题。其问题的基本根源可归结为地球各圈层及人与地球系统之间相互作用的结果,深入了解掌握全球变化规律成为当今世界主要的科研焦点和紧迫的使命任务。全球变化归根到底是全球环境的变化,而海洋占地球表面积的71%,它不仅是地球生命的巨大储藏库,而且是地球各圈层界面连续活动的场所;海洋不只是调节气候、降低高纬度地区的季节变化幅度,更与大气交互作用影响短期甚至长期气候变化,对地球系统有巨大的调节作用,可以说海洋是地球生命的脉搏。20世纪人类为了满足对矿产资源的需求而研究海洋,21世纪为了保护赖以生存的地球人类必须研究海洋。而要想很好地认识现在所面临的环境问题,必须了解过去的环境变化,所以20世纪70年代以来,随着全球变化思想的迅速发展,研究地质历史时期以来的古气候和古海洋环境演变的古海洋学已成为地球科学最为活跃的前沿之一,特别是晚第四纪古海洋学的研究更是受到世界地学界的普遍关注。

第一节 古海洋学研究历史与现状

古海洋学是依据海洋沉积物中记录的古环境变化信息,利用海洋地质学的研究方法,结合化学海洋学、物理海洋学和生物海洋学的研究成果,研究地质历史上的海洋体系状况及其演化和受控因素的一门学科。古海洋学是20世纪随深海钻探计划(DSDP)的实施而真正发展起来的一门新兴边缘学科。早期的古海洋学研究与稳定同位素理论的建立密切相关,美国化学家 Urey 于1947年提出了利用海洋碳酸盐中氧同位素的组成来恢复地质时期的海水温度变化(Urey,1947);1955年,美国地质学家 Emiliani 首次利用浮游有孔虫壳体测得了更新世海水表层的古温度,得出了更新世的冰期与间冰期旋回,验证了米兰柯维奇理论的正确性(Emiliani,1955),这一时期的古海洋学可称为"氧同位素古海洋学"。古海洋学的迅速发展得益于深海钻探计划的实施,1968—1983年进行的深海钻探(DSDSP)及随后的大洋钻探(ODP)为古海洋学的研究提供了理想的材料,使古海洋学家有了更多施展才华的机会。而20世纪70年代开始使用液压活塞取样装置(HPC)采得的无扰动岩芯为高分辨率地层的建立创造了条件。稳定同位素质谱仪进样系统的发展使得样品的测量范围和精度大大提高。此外,应用超导磁力仪获得的大洋地层古地磁年代和氧同位素地层的结合,解决了地层年代的对比问题(Shackleton,1973、1976)。这三方面的突破带来了古海洋学的突飞猛进,海洋学的研究取得了一系列的丰硕成果,揭示了古气候和古海洋环境演变的基本规律,建立了古环境演变的基本格架,这些成果对于认识现代全球变化具有宏观的指导意义。

进入 20 世纪 90 年代,高分辨率氧同位素地层学的建立为高精度的地层划分和对比提供了良好的参照系。海洋微体古生物转换函数所得到的精度为 0.5~1℃的古温度,为详细研究古海洋温度场提供了可靠的依据。而 AMS^{14}C 测年技术的应用使地层年代学精度达到百年级,带来了地质年代测定的革命,这些新技术的应用使得高频古海洋学事件的研究成为古海洋学研究的新热点。新仙女木事件(Younger Dryas)、Heinrich 事件、D-O 旋回以及 Bond 旋回这一系列非轨道事件的发现和对它们的认识,对于揭示人类历史上气候、环境的演变过程和现代环境的形成以及预测其未来的发展趋势有着极其重要的意义。目前,愈来愈多的研究表明,这些高频率的突发事件具有全球意义,说明地球是一个统一的整体,牵一发而动全身,为了了解和解释这些短期事件的形成机制,必须考虑到整个地球系统的各个圈层及其它们之间的相互作用,古海洋学的研究必须紧密围绕全球变化进行。所以 1995 年启动的国际地圈-生物圈计划(IGBP)的重要核心计划之一就是"过去的全球变化"(PAGES)研究。过去全球变化研究可以提供历史时期地球环境变化规律以及人类活动对地球环境的影响等一系列信息。现在是过去的延续,未来是现在的发展,只有更好地了解事物发展的客观规律及内在联系,才能更好地预测事物的发展,对未来进行科学、合理的预测。

在研究方法上,微体古生物仍然是古海洋信息的主要载体,并从以往诸多定性的静态描述转为通过对"过程"的研究,进行定量的动力学探讨,其中有两个主要的研究特点,一个是根据因子分析、聚类分析和回归分析等多元统计分析技术建立微体生物群落的统计学模型,结合现代海洋环境资料赋予不同统计模型以特定的环境指示意义,客观地分析生物群落与古海洋环境之间的相关关系(Ravelo et al. ,1990、1992;Wells et al. ,1994;Andreason et al. ,1997)。另一个特点是随着海洋古生态学研究的深入,对某些特征属种的环境指示意义的研究也更加精细和具体化(Hermehn,1985;Xu Xuedong,1999;Jian Zhimin,2000)。在研究的方式上,打破了学科间的壁垒围限,进行跨学科的交叉和结合,使古海洋学研究沿着纵向深入和横向交叉的方向发展,其中地球化学在古海洋学研究中异军突起,成为颇具生命力的发展方向。随着古海洋学研究成果的日益丰富和一些新方法、新技术的应用和突破,古海洋学的理论会日渐成熟,必将产生一系列丰硕的成果,古海洋学在未来全球变化研究中将起到举足轻重的作用。

第二节 南海的古海洋学研究

与早已享有国际声誉的陆上第四纪研究不同,我国的海洋第四纪研究起步较晚,而且长期以近岸浅海为主。以深海研究为特点的古海洋学研究在我国从 20 世纪 80 年代开始以来,由于缺乏高质量的深海沉积样品和先进的分析手段,发展初期步履维艰。进入 90 年代,我国古海洋学研究大力开展国际合作,同时与国内的陆上研究紧密结合,取得了高速度的发展,开始跻身于国际行列,而发展的主战场正是南海。

从 1994 年中德合作太阳号 SO-95 航次到 1999 年南海大洋钻探 ODP184 航次的成功,南海已经成为国际古海洋学研究的新热点。在地层学方面,南沙海区首次建立了中国海第一个更新世深海地层序列,使用了包括 4 类微体化石的生物地层学、磁性地层学、同位素地层学和碳酸盐地层学的证据。在高分辨率环境记录方面,东沙附近站位最近 4 万年的环境记录时间分辨率精度超过20年(赵泉鸿等,1999)。此外,在诸如海水表层古水温、水团演化、表层生产力和海水上层结构等海洋参数研究、碳酸钙旋回、深海沉积作用和突变事件等方面的研究都涌现出一大批成果(翦知湣等,1998a、1998b；汪品先,1995、1997；Wang L et al.,1997；Wang P et al.,1995；陈建芳等,1998；黄维,1998；Pnaumann,1999；孙湘君,1999；王律江,1994、1999；钱建兴,1999)。特别是近年来对于南海古季风的研究,成果尤其突出。对于亚洲季风,一向以陆地的黄土研究为主,直到1994年中德合作南海古季风的专题航次才开始古季风海洋记录的研究。1999年以东亚季风为主题的南海大洋钻探ODP184航次,开始了对更老地质历史时期古季风的演化进行研究。已有研究成果表明,晚新生代以来东亚季风系统发生了明显的波动,并伴随一系列海洋过程的变化(陈木宏等,2002；汪品先等,2003；郑范等,2006)。随着海洋沉积物中古季风记录研究的各项指标日益增多和成熟,海洋古季风记录将有望与黄土沉积记录一起,在古季风研究上互为佐证,相互补充,共同恢复东亚季风的演化史。中国边缘海古海洋研究已经取得了一大批重要成果,许多研究成果都已经达到了国际前沿水平,基本上已经和国际接轨。

第三节 硅藻的研究与进展

硅藻是一种常见的、具有色素体的单细胞藻类。大多数为水生,几乎在所有水体里都能生长,只有少数生活在潮湿的泥土里、树皮上、苔藓中……硅藻种类繁多,有化石的和现在生存的种类。无论是硅藻的分类研究,还是应用研究,都是以研究硅藻壳体外形和壳壁上的各种微细构造为基础。硅藻的壳壁由非晶质氧化硅(SiO_2)和果胶质(Pectin)组成,厚度大多数都在1μm以下。沉积物中的硅藻壳(遗骸)或经酸处理后的硅藻壳只有硅质壁而没有果胶。据资料记载,已发现的最小硅藻只有1μm,最大的硅藻也仅3～4mm,但硅藻却是海洋浮游植物中最主要的成员之一。据估算,硅藻和其他浮游的单细胞藻类,年产达$5\,500\times10^8$ t,在生物圈的物质和能量循环中居重要地位。

生活着的硅藻的生态分布与海洋中的各种物化条件和不同的地理区域有密切关系。硅藻生物体死亡后,其硅质遗骸沉积于海底,其抗溶解能力强,易于在沉积物和地层中保存。因此,地层中的硅藻化石蕴涵着非常丰富的地质时期的环境与年代信息,是追溯地质环境变化的重要生物标志。尤其是在水深大于碳酸钙补偿深度的大洋中,硅藻和放射虫几乎是唯一有效的微体化石。因而,硅藻被广泛应用于现代表层沉积过程,地层划分与对比,推断古温度、古盐度,再造古地理环境,研究海面升降和岸线变迁等方面。迄今,人们利用分布广、种类多的硅藻群落生态特征、丰度、属种演化等信息,在重要的国际大型合作项目国际地圈-生物圈变化(IGBP)、过去全球变化(PAGES)、深海钻探计划(DSDP)、大洋钻探计划(ODP)等中的古海洋环境及其演变过程、地质事件记录等研究中,取得了丰硕成果。

一、硅藻研究简史

硅藻研究的历史较长,国外早在18世纪20年代就已开始,不过在相当长的时间里,研局限于现生硅藻分类学、形态学和生态学等方面的研究。19世纪中叶,少数学者认识到硅藻的古生态学价值并开始对硅藻的古环境做初步研究。直到20世纪20年代,硅藻才广泛应用于古环境学的研究之中(Nipkow,1927)。在研究初期,人们主要是定性地研究硅藻化石的分布及其在时间上和空间上的变化,从而得出相对的古地理、古气候变化资料。随着计算机技术的发展,人们有可能定量地研究现代硅藻分布与环境变量(如温度、盐度、酸碱度和营养盐类)之间的关系,并将此定量关系应用于研究沉积物中的硅藻化石组合,从而为定量古地理、古气候研究提供可靠的依据。

水体中的硅藻对其生存的环境变化十分敏感,因此硅藻已成为研究水体环境变化的重要手段。硅藻反映水体的pH值、盐度、碱度、水体深度、水流速度、营养水平、矿物质元素、重金属以及光照和水温等环境参数的变化(Stoermer & Smol,1999)。浮游硅藻增殖后,经衰老、死亡,其遗骸在水中既可以经过分解、破坏、溶解,也可以通过浮游动物的捕食之后的粪便沉积(Gersonde & Wefer,1987;Flower,1993)。由于硅藻壳的分解、溶解、破坏,在表层数十米的光合带内进行得最快,一些硅质壁薄的,作为现代海洋条件指示种的角毛藻属 *Chaetoceros*、脆杆藻属 *Fragilaria*、菱形藻属 *Nitzschia* 和根管藻属 *Rhizosolenia* 的大部分种的遗体,在未沉积下来以前就被溶解,在沉积物中便没有得到很好的保存。尽管原先产生的硅藻信号在它转运到沉积物时,记录发生了显然的改变,海底沉积物中硅藻壳的数量和属种与表层活体硅藻群相比,有着本质上的不同,但可以肯定的是,水体中硅藻多的海区,表层沉积物中包含的硅藻壳也多。在南极海、白令海、太平洋高纬度地区等营养盐丰富的海区,由于海水中硅藻含量高,海底沉积物中的硅藻壳也多,这些海区存在大量的硅藻软泥(Jousé et al.,1969、1971)。表层沉积物中的硅藻遗体能在很大程度上反映上覆水体中的活体硅藻群的种组成。先前关于表层沉积物中硅藻分布大量的研究已经证明,它们的组合和表层海洋水文条件有着密切的联系。

Kozlova最早在印度洋开展了表层沉积硅藻的研究(Kozlova,1964)。接着,Jouse对太平洋表层沉积硅藻进行了大范围的研究(Jousé et al.,1969、1971)。此后,国外陆续开展了各大洋和一些陆架海的研究工作。目前,国际上对海洋沉积物中硅藻的研究已涵盖了太平洋、印度洋、地中海、大西洋、北极、南极海域,以及美、日、苏联等国的陆架海及部分陆域,这些系统的研究形成了相当丰富的研究成果。关于各大洋表层沉积物硅藻组成的种类、地理分布及其与环境关系的研究工作,及在太平洋地区进行得较为丰富和深入。如Jousé(1969、1971)综合前苏联学者的长期研究结果,以表层水中现生硅藻的地理分布为基础,研究划分了底质中遗体硅藻组合的类型,并分别按优势种用地理名称命名,如亚热带种和热带种占优势的遗体硅藻组合,分别叫做亚热带硅藻组合和热带硅藻组合。这些硅藻群的分布,一般都呈明显的带状。各自分布在不同的纬度区,代表不同的水温等条件。这些组合的硅藻属种可以用来追溯水团的位置,如南极组合的特征分子 *Eucampia balaustium*、*Coscinodiscus lentiginosus*、*Thalassiosira gracilis* 等在沉积物中的分布被用作南极底层水(Antarctic Bottom Water,简称ABW)在南太平洋萨摩亚群岛以南分成两支北上的证据之一,在大西洋和印度洋也可以用硅藻追踪出南极底层水的流路(Schrader & Schuette,1981)。

Belayeva(1972)通过对东南太平洋硅藻细胞个体的大小研究,首次把硅藻壳体大小变化与上升流相联系,认为上升流增强,硅藻个体发育也相应增大。Burckle和Todd(1975)发现赤道太平洋和日本海的沉积硅藻 *Annellus californicus* 个体大小明显不同,认为环境是主要的影响因子。较为系统的是Burckle和Mclanughlin(1977)对太平洋地区14°N至9°S间13个表层沉积物样品中结节圆筛藻 *Coscinodiscus nodulifer* Schmidt 壳体大小的变化进行了定量研究,发现细胞的直径与纬度的变化有直接关系。这是由于在赤道太平洋地区形成一股向西流动的带状海流,使得赤道辐射区深部富含营养盐的水上升到表面,形成大量硅藻得以生存的有利条件。

近年,有学者结合卫星测量(CZCS)提供的海洋初级生产力数据,并采用沉积物捕获器(sediment traps)对东北太平洋表层沉积物硅藻进行了研究(Lopes,2006),表明沉积硅藻和海洋初级生产力、海水表层温度、营养盐浓度和盐度等因素具显著相关性。Abrantes(2007)对东南太平洋表层沉积硅藻研究的结果表明,沉积物硅藻也能很好地反映本地区的水温、上升流和生产力。沉积物中高硅藻丰度值标志了东赤道太平洋上升流和沿岸上升流的环境。采用Q-因子分析和多元回归的数理统计分析方法,建立了表层水温(SST)与海洋初级生产力(PP)之间精确的量的关系,海水表层水温与海洋初级生产力的数据和卫星测得数据的误差仅为 ± 0.9℃和$\pm 23 gC/m^2 \cdot a$,为估计古海洋表层水温和古初级生产力提供了新的工具。

现生硅藻分布于海水、半咸水和淡水中,具有浮游和底栖两种生活方式。它们能敏锐地反映生活水域的盐分、温度和所含各种无机盐类。因此利用硅藻的生态特征可以有效地恢复、了解沉积物在沉积时的古地理环境。利用不同硅藻群落的盐度特征来研究水体变化尤其是干旱地区湖泊盐度变化已成为一个实用的手段,许多学者都曾研究过硅藻分布与盐分的关系。Simonsen(1962)根据对波罗的海西部海水—半咸水硅藻的耐盐范围的调查研究,提出了按耐盐性划分的硅藻生态类型,绘制了硅藻盐度耐受格局图。其中贫盐型相当于淡水种,中盐型相当于半咸水种,高盐种相当于海水种。表明硅藻对盐度具有良好的敏感性,因而对环境变化具有指示作用。根据硅藻在水体中的分布和生态习性,可将它们分为浮游、底栖两大类型。根据这两种类型硅藻组合的不同,可以判断滨海和湖泊的相对深度以及滨海和湖泊水位的变化趋势。硅藻对水体深度的指示性已成为研究湖泊演变和海平面变化的最重要手段之一(Stoermer & Smol,1999)。Vos & De Wolf(1988)在前人研究的基础上提出了一种硅藻反映环境的研究方法。基于硅藻生态习性和耐盐特征,硅藻被分成16个生态群,不同的生态群与不同的沉积环境有关。

大量研究结果表明,硅藻分析是一种有效的研究手段。不仅可以用于表层的现代沉积过程研究,还可以用于地质历史时期沉积环境变化及进行古环境重建、划分地层年代、识别气候事件、追踪高纬度地区冰川的发育情况等研究,而且有些种类还可作为指示种运用于海流流经范围与海流强弱的研究。特别是在缺乏钙质微体化石的极地附近高纬度海区,多用硅藻化石组合指示古海洋学环境,如 Sancetta 和 Silvestri(1986)运用北太平洋指示不同水团的各种硅藻组合以及水团和气团之间的密切关系,推断该区上新世—更新世水气体系的演变模式,促进了硅藻在古洋流研究中的发展。

220万年以来,共有8次硅藻化石上的重要事件,可用作地层对比,而Burckle(1978)将下中新统到更新统底定出43个时间基准面,有学者则认为,这种按个别种定时间基准面的方法,对不同纬度区硅藻演化的区别考虑不够,有些种可以不止一次地出现和消失,因此主张对各时期不同的纬度带划分不同的硅藻组合。目前,硅藻化石从中新世中期至今已有相当可靠的地层分带,包括低纬度区、北太平洋和南大洋共3种不同的分带方案,各自可与磁性地层年代表相对比(Barron,1985)。至于早白垩世和古近纪,尚未建立统一的硅藻地层表;另外,关于硅藻地层对比意见也欠一致,前苏联采用的硅藻地层方案就与美国等国家采用的世界性方案有所不同。尽管如此,硅藻的演化序列、地层和生态分布的研究正在深入进行,硅藻化石在大洋地层学上的意义是毋庸置疑的(Fenner,1985)。

在多数情况下,属级的识别是对化石硅藻组合进行全面地层解释的基础。如 Jousé (1978)基于海洋浮游硅藻 50 个属的演变,建立了属级硅藻生物地层带。有些硅藻种演化的时间已经查明,可以为地层对比提供可靠的标准,例如 *Annelus californicus* Tempere & Peragallo 的首次出现是中中新世初的标志;*Nitzschia miocenica* Burckle 出现于晚中新世晚期,正好是中新世与上新世交接时消失(Burckle,1978)。化石种 *Sephanodiscus* 属的某些种如 *Sephanodiscus williamsii*、*Sephanodiscus yukonensis* var. *antiquus* 和 *Sephanodiscus princeps* 只在新生代的某一地层中出现,人们利用 *Sephanodiscus* 属的这个特征能够对上新生代地层进行准确划分(Khuresevich et al.,2001)。

此外,在第四纪大洋地层中,硅藻化石特定属种的相对丰度与个体大小的变化,明显地与气候变迁相对应,因此也可以用于地层划分与对比,这个结论是 Burckle 和 Mclanughlin (1977)在大量研究了赤道太平洋第四纪柱样沉积物中结节圆筛藻 *Coscinodiscus nodulifer* Schmidt 壳体大小变化后获得的,该结果表明,太平洋第四纪柱样沉积物自上而下,首次出现的壳体大小<60μm/>60μm 极大值,相当于氧同位素 2Cn,极点值为 18kaBP,第二个极大值相当于氧同位素 4Cn,紧接其后低值段相当于氧同位素 5Cn,最低值点为 125kaBP。他认为结节圆筛藻的大小随着深度的不同而呈现有规律的变化,这与更新世期间大洋水动力变化特点有关。

近年来,突破性的工作是对硅藻休眠孢子(resting spore)化石的分类学和地层学意义进行的研究。硅藻休眠孢子是一些海洋中心纲和少数的淡水硅藻及羽纹纲硅藻生活史中具有很厚的硅质层的阶段,它使藻类在不利的条件下存活(McQuoid & Hobson,1996;Mark,1997)。硅藻休眠孢子和营养细胞可以完全一样(*Thalassiosira nordenskioeldii* 和 *Detonula confervacea* 等),也可以截然不同(*Chaetoceros diadema* 和 *Bacteriastrum delicatulum* 等)(Hargranves & French,1983)。并且很多属的休眠孢子之间在形态上没有明显的区别,如脊刺藻属 *Liradiscus*、棘箱藻属 *Xanthiopyxis*、角毛藻属 *Chaetoceros*、*Dicladia* 属、*Hercothec* 属等。因此过去人们认为,根据化石休眠孢子的分类来划分地层是有困难的,休眠孢子在以往的地层学研究中被排除。直到最近,有人利用扫描电子显微镜对 *Dicladia*、*Xanthiopyxis*、*Periptera*、*Pterotheca*、*Liradiscus*、*Dicladia*、*Monocladia* 和 *Syndendrium* 等一些属的休眠孢子化石的形态学进行了研究,才发现它们的区别和其代表的地层学意义,为重建新近纪和第四纪古海洋环境提供了新的证据(Gersonde,1980;Lee,1993;Suto,2003;Suto,2004)。

分子生物学的研究手段促进了沉积硅藻研究的进程,分子系统发育学的研究基本验证了以往人们对沉积物中硅藻化石的研究结论(Sims,2006a、2006b)。如分子生物学研究表明,硅藻起源于异鞭毛藻类(heterokont algae)(Medlin et al.,1997b),其最早出现的时间为 240Ma,平均时间为 165Ma(Kooistra & Medlin et al.,1996;Medlin et al.,1997a),这与硅藻化石出现最早的时间为 180Ma(Rothpletz,1896)基本吻合。分子生物学研究证明,羽纹纲硅藻(Pennatae)是从中心纲(Centricae)进化来的(Simonsen,1979),这也和化石在地层中出现的顺序一致(Fritsch,1935)。晚白垩世地层中硅藻的主要变化是羽纹纲的出现(75Ma),分子生物学研究的结果也是如此(Kooistra & Medlin,1996)。

随着硅藻研究工作的深入开展,其环境指示属性逐渐被揭示,硅藻在流水和湖泊中可以指示水文、气候、表层水酸性、富营养化、水面变化、生物地球化学硅损耗及进行环境状况评估（Moberg,2005;Vaughan,2003;Roberts,2001;Philip,2003;Huntsman-Mapil,2006;Garcı´a-Rodrı´guez,2004;Patrick,2005），在近岸沉积物中，硅藻被用来记录古环境盐度的变化（Roberts D,1998;Hustedt,1953;Simonsen,1962;Vos & De Wolf,1993a、1993b;Juggins,1992;Roberts,2004)和潮汐(Simonsen,1962;Denys,1991)。在淡水沉积环境中，硅藻提供古信息有关的 pH 值(Cholnoky,1968;Spaulding,1999)。在海洋和河口环境中指示海流、滨海古环境和相对海平面变化等（Admiraal,1984;Koning,2001;Michinobu,2006;McDonald,1999;Zielinski,1997），并且在考古、油气开发、法医学应用、大气迁移等领域也有较好的指示意义(Sachsenhofer,2003;Eugene,2004;Benjamin,2006)。

在研究过程中，由于影响硅藻种类分布的因子很多，为了从复杂的硅藻组合中提取温度、盐度、水团等环境变化的信息，人们在研究过程中运用了多种解释方法。其中，比较成功的有转换函数法(Imbrie & Kipp,1971;Pichon,1987;Sancetta,1979;Kog,1992;Michèle,1999)、硅藻温度指数法（金谷、小泉，1966）、硅藻壳体大小比值法(Garstang,1937;Belayeva,1972;Burckle & Mclanughlin,1977)、分异度法(Hutson,1980)、因子分析法(Abrantes,2007)、聚类分析法(Aron,2007)和其他方法(De Wolf,1982)。

二、国内研究进展

我国的现生硅藻研究始于 20 世纪 30 年代，厦门大学是我国硅藻分类学研究的发源地，金德祥教授开辟了我国硅藻研究的先河，出版了《中国海洋浮游硅藻类》(金德祥等,1965)、《中国海洋底栖硅藻类》（上、下）（金德祥等,1982、1991)、《The marine benthic diatoms in China》(Vol.1)(Chin et al.,1985)等专著。暨南大学齐雨藻教授和中国科学院胡鸿钧研究员对我国江河、湖泊的现生淡水硅藻进行了系统研究（胡鸿钧等,1980;齐雨藻等,2004)。程兆第教授、高亚辉教授等对我国现生海洋硅藻作了系统的研究，出版有《硅藻彩色图集》（程兆第和高亚辉等,1996)，在分类学和生态学方面，提出了微型硅藻研究新领域，出版了国内第一本微型硅藻专著《福建沿岸微型硅藻》（程兆第和高亚辉等,1993），并不断发现了一些新的种类。而海洋沉积硅藻的研究直至 20 世纪 70 年代才开始，虽然起步较晚，但进展很快。同济大学王开发教授等先后进行了南海、东海、黄海、渤海部分海区的表层和第四纪硅藻的研究（王开发,1982、1985、1987、1990、1993、2001、2003)；地质矿产部地质研究所李家英教授等完成了山东硅藻土、四极藻演化系列的研究（李家英,1989），黄成彦教授等完成了我国西藏、吉林、浙江、云南、广东等地第三纪和第四纪硅藻植物群的研究（黄成彦,1998)；国家海洋局第三海洋研究所蓝东兆研究员对我国沉积硅藻学和硅藻生物地层学作了系统研究，先后开展了南黄海、东海及太平洋、台湾海峡及福建沿海等地新近纪和第四纪沉积硅藻研究（蓝东兆,1989、1993、1998、1999、2000、2002a、2002b、2003)，并出版了《南海晚第四纪沉积硅藻》（蓝东兆等,1995)。另外我国还有许多学者对沉积硅藻进行了研究，综合其研究内容主要集中于以下几个方面：

（1）进一步查明我国各海域表层硅藻属种组成及其地理分布规律（金德祥,1980;詹玉芬,1987;蒋辉,1987;余家桢,1986;王开发,2003;陆钧,2001;刘师成等,1984;支崇远等,2005)。

（2）对硅藻沉积过程取得更多认识，就各种理化环境因子如温、盐、深、流等对硅藻生长繁殖、分布及遗骸沉积过程的影响进行了初步探讨（余家桢,1989、1991;王开发等,1985、1988、

2001a、2001b；陆钧，1999；冉莉华等，2005；陈荣华等，2003；郑玉龙，2001；王汝建等，2000）。

（3）开展表层沉积硅藻组合分区研究及硅藻生态与拟生态分区研究等（王开发，1982、1985、1986、1987、1990、1993、2003a；郑执中，1994）。

（4）根据硅藻的组合进行地层的划分和对比，对古海洋环境及其演变过程、陆海相互作用过程进行了解释（齐雨藻等，1981；赵焕庭，1987；李家英，2002、2002；王开发，1982、1987、2001、2002、2003b；支崇远等，2003、2005）。

（5）在研究方法上，将各种数理统计方法如聚类分析、最优分割、对应分析、因子分析等结合到硅藻分析中，使我国沉积硅藻研究水平得到进一步提高，逐渐由定性或半定量向定量研究迈进（吕厚远等，1991；蒋辉，2002；支崇远等，2003、2005；黄元辉等，2007）。

第四节　选题目的及主要内容

南海是西太平洋最大的，由一系列岛弧组成的半封闭的，发育最完善、最复杂的边缘海。南海南部不仅是典型的热带边缘海，而且与西太暖池密切相关，对东亚的季风气候变化起着举足轻重的作用；是我国研究全球变化区域响应及其驱动力的天然试验场（赵泉鸿和汪品先，1999）。

南海沉积物中的硅藻可能蕴含了丰富的东亚季风、古上升流、古海流、古环境演化、青藏高原隆起的环境变化信息。因此，进一步开展南海硅藻的环境信息与指标等的基础性研究，无疑对揭示南海古海洋环境演变特征与历史、圈层作用与事件地质以及包括IODP等重大研究计划在南海的实施发挥重要的作用。

南海属于半封闭性海域，仅靠几条海峡通道与太平洋等海区相连，其浮游硅藻的生物地理特征决定其无论是群落结构、组合特征和分布状态均与太平洋、印度洋等世界上其他海区有一定的区别。由于不同海区间存在硅藻地理区系或硅藻区系差异特征，加之人们对硅藻的区域性生态学研究的不足，至今仍难以说明不同海区硅藻生态特征的具体差异及其沉积记录的详细关系，这势必会造成引用其他海区资料所形成的解释误差，导致在利用岩芯样品的硅藻组合特征解释特定海域环境历史形成难以逾越的障碍。因此，尽快开展包括南海在内的典型海区硅藻生态与沉积环境的研究具有迫切性和重要性。全面了解南海硅藻与生态环境和沉积条件的关系，探讨该海区沉积物中硅藻生态特征对指示环境的可靠性和特殊性，建立硅藻解释环境的判别指标，对深入研究南海海洋地质资源环境、全球变化及其区域响应、圈层作用与事件地质等具有必要性和重要的科学意义。

以往的硅藻学家们对南海硅藻的专题研究，为有关的研究打下了良好的基础和创造了一个具有前景的开端。然而，由于受各种客观条件的限制，相对于广阔的南海海域，以往的研究区域主要集中在南海北部陆架、陆坡和北部海盆，中部和南部海域研究得较少，主要报道的内容是现生硅藻的种类组成和分类学研究；沉积硅藻的种类分布及其与环境的关系；对于南海硅藻生态的研究较薄弱，特别是上升流及其相关环境因素的生态与沉积特征等许多重要信息尚未被详细分析与揭示，由于缺少这些信息导致在南海古海洋环境及其演变过程中的解释中存在诸多的疑问，如硅藻在岩芯中呈现阶段性分布是海水的溶解作用或是沉积环境或其他因素起主导作用？哪些属种能指示古海流、古气候、古地理环境等？因此,只有了解南海不同水团、不同环境的硅藻生态特征,沉积物中硅藻的保存特征与上覆水团的生态关系,不同环境的硅藻判别指标等,才能正确地解释南海的古海洋环境及其演变过程。

本书针对这些问题,根据海洋学科前沿领域等课题中对硅藻研究的需要,从一个较为完整海区的表层沉积硅藻分类学研究入手,对硅藻沉积学特征进行全面研究,探讨硅藻分布与环境的关系。在定量分析个体数、种类、优势种、特征种的分布特征和组合特征的基础上,探讨沉积硅藻分布与地形地貌、水动力条件等环境因素的关系;通过柱样和岩芯沉积物样品中的硅藻种群、丰度、特征种、替代性指标的研究,结合 ^{14}C 年代测定和地球化学测试资料,来探索南海晚第四纪以来的沉积环境及其演变过程。该研究不仅可以丰富我国南海硅藻分类学的内容,阐明硅藻典型种类对环境的指示意义,还可以为边缘海沉积硅藻的发展积累资料,为恢复古海洋、古气候、古地理提供"将今论古"的依据。同时,该研究对于圈层作用与地质事件全球变化与区域响应等研究有重要的科学意义。具体研究内容如下。

1. 南海沉积硅藻分布特征

主要通过对表层沉积物硅藻样品的硅藻丰度值变化规律和典型生态环境中的特征种和指示种的分布进行研究,划分硅藻组合带,突出分析硅藻种类在南海对不同水团或海流的响应。

2. 南海海底沉积环境的研究

对南海表层沉积物样品进行粒度分析,确定表层样的沉积物类型、粒度参数特征,探讨环境变化与底部水动力状况之间的关系以及沉积环境对硅质壳体的保存状况所造成的影响,尽可能地提取沉积物沉积特征所记录的各种环境变化信息。

3. 南海晚第四纪以来的沉积环境及其演变过程

通过柱样和岩芯沉积物样品中的硅藻种群、丰度、特征种、替代性指标的研究,结合 ^{14}C 年代测定、沉积物粒度和地球化学测试资料,探索南海晚第四纪以来的沉积环境及其演变过程,并研究晚更新世沉积物中存在的大量沿岸种具槽直链藻 (*Melosira sulcata*)、柱状小环藻 (*Cyclotella stylorum*) 和条纹小环藻 (*Cyclotella striata*) 与古季风、古海流或古环境的关系,以及硅藻在岩芯中呈现阶段性分布是海水的溶解作用或是沉积环境或其他因素起主导作用等科学问题。

第二章 区域地质概况

第一节 南海位置及海底地形地貌特征

南海是西太平洋最大的边缘海之一,地处欧亚、太平洋、印度洋三大板块的交汇处,它本身是欧亚板块的一部分。南海北起 23°37′N,南迄 3°00′N;西自 99°10′E,东至 122°10′E,最大水深 5 400m。南海北连中国大陆,东邻台湾岛和菲律宾群岛,西界中南半岛,南至加里曼丹岛和苏门答腊岛,面积约 360×10^{4}km^2,约为渤海、黄海和东海总面积的 3 倍。南海的周边被大陆和岛屿环抱,这些岛屿使南海与东海、太平洋及苏禄海、爪哇海和安达曼海等隔开,其间由 10 多个海峡沟通,主要有台湾海峡、吕宋海峡、民都洛海峡、巴拉巴克海峡、卡里马塔海峡、加斯帕海峡和马六甲海峡。南海北部和西北部宽阔的陆架区通过水深约 50m 的台湾海峡与中国东海相连;中部通过水深约 450m 的民都洛海峡和深度约 100m 的巴拉巴克海峡与苏禄海沟通;东北部通过台湾岛和吕宋岛间的吕宋海峡与太平洋海水进行交换;南部和西南巽他陆架区域通过新加坡海峡和马六甲海峡与印度洋相连,同时还通过卡里马塔海峡和加斯帕海峡与爪哇海相通。南海海底地形从周边向中央倾斜(图 2-1),依次分布着大陆架和岛架、大陆坡和岛坡、深海盆地等。南海的大陆架和岛架总面积为 168.5×10^{4}km^2,约占南海总面积的 48%,大陆坡和岛坡总面积约为 126.4×10^{4}km^2,占到南海总面积的 36% 左右。陆坡和岛坡区地形常为崎岖不平,次级地貌类型又包括海台、海山、海槽、海脊、海谷和海底扇等,是南海地形变化最为复杂的区域。深海盆位于南海中部,呈北东-南西向展布,并以南北向的中南海山为界,分为中央海盆和西南海盆,总面积约为 55.1×10^{4}km^2,大约占到南海总面积的 15.7%。深海盆地以平原地貌为主,并有宏伟壮观的链状和线状海山分布(刘以宣等,1994)。

第二节 海底沉积物特征

南海海底表层沉积物主要可分为黏土、粉砂质黏土、黏土质粉砂、砂和珊瑚砂砾 5 种类型。黏土:为南海最细粒沉积物,主要分布在深海盆地,水深大于 4 000m,其中较深处为红色深海黏土。其次分布在珠江口外,多沿海岸带展布,此外,在雷州半岛东部水深 50m 附近也有黏土分布。粉砂质黏土,该类型为本区分布范围最大的细粒沉积物,主要分布于大陆坡及海盆,水深大致为 1 000~4 000m,呈大片展布,成分为半深海、深海钙质泥和深海硅质泥。黏土质粉砂:该类型主要分布于大陆坡上部,呈条状带展布于砂和粉砂质黏土之间,水深大致在 500~

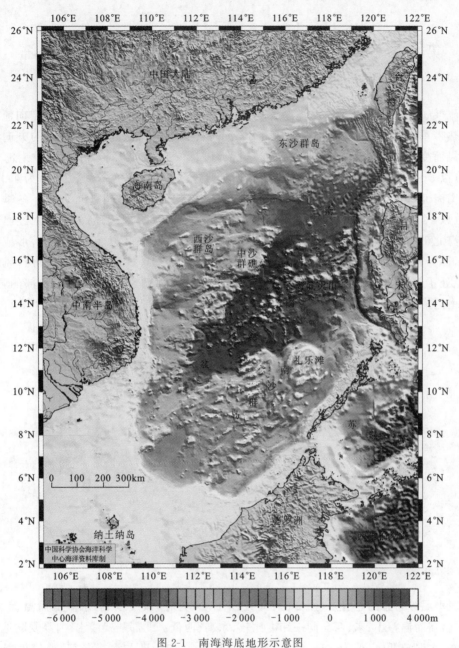

图 2-1 南海海底地形示意图

(引自 http://duck2.oc.ntu.edu.tw/core/center.html)

1 000m 之间。砂：主要分布于陆架，自水深 50m 至陆架外缘向陆坡坡折处，为晚更新世低海面时期形成的残留砂，成分以细砂为主，还有中砂及部分砾石。在内陆架浅海区（水深 100m 以浅），主要在北部湾顶部、海南岛南部及珠江口外，也分布着近岸现代陆缘砂。珊瑚砂砾：主要分布于西沙群岛、中沙群岛及东沙群岛等处，主要成分为珊瑚砂，还有珊瑚卵石、碎块及珊瑚泥等。

第三节 南海现代表层海流及水温和盐度的分布

海流(Ocean Current)是指海洋中大规模的海水以相对稳定的速度所作的定向流动。南海位于热带季风区,其表层海流在季风的作用下,具有季风漂流的特性,海流的方向和强度都随季风而变(陈史坚等,1985;汪品先和李荣凤,1995)。如图 2-2 所示,夏季南海盛行西南季风(以 6~8 月为最强),赤道暖流经巽他陆架进入南海,南海的海流主要为东北流;当其到达南海北部时,主流经台湾岛东部海域北上,分支经台湾海峡进入东海。冬季盛行东北季风(以 12 月至翌年 1 月为最强),南海大部分区域为西南流,黑潮部分海水经巴士海峡流入南海北部,同来自台湾海峡的沿岸流合并流向西南,主流沿中南半岛南下,形成南海的左旋流,部分经巽他陆架流出南海和进入苏禄海。4 月和 10 月为季风转换月份,风向不稳定,海流处于转换之中,比较零乱。不论冬季或夏季,南海西部的海流均比东部的强,强流区在越南近海。

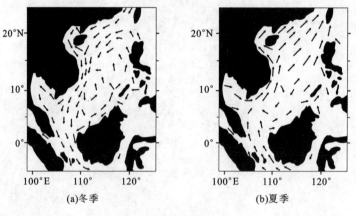

图 2-2 南海表层环流示意图

(据陈史坚等,1985)

表层水温分布总的趋势是(图 2-3):大致以 17°N 为界,该线以北,水温低而温差大;该线以南,水温高而温差小;东、西向同一纬度比较,东高、西低。北部陆架浅水区,易受陆地及气象因子影响,水温较低,一般为 18~23℃,等温线密集,走向大致与海岸平行,温度由岸向外递增。南海中部水温达 24~26℃,因受东北季风漂流的影响,那里的等温线并不与纬度平行,而与越南海岸成一交角,呈北东-南西走向,并向西北倾斜。南海南部距赤道较近,水温高达 27~28℃。南海深层水温分布比较均匀,没有明显的地区差异,如 500m 层,整个南海海盆水温为 8.5℃左右,到了 1 000m 层,南海海盆水温为 4.2℃左右,南海的盐度年平均值约 34.0。南海西边界为亚洲大陆,入海河流众多,尤其是南海北部沿岸,表层盐度较低,等盐线密集。除局部海域外,与纬度相比,南海西侧表层盐度略低于东侧表层盐度。南海海盆,主要受太平洋高盐水控制,盐度终年较高,分布均匀,地区差异小(图 2-3)(苏纪兰,2005)。

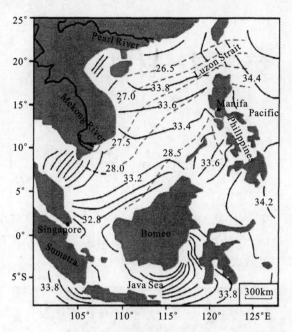

图2-3 南海表层海水温度(虚线)和盐度(实线)示意图
(引自 Jia et al.,2006)

第四节 上升流

上升流是一类重要的海洋现象,它通常是因表层水体辐射所致。这种上升运动将次表层水体带至表层或近表层,并被水平海流带出上升流区。沿岸上升流是上升流中最为常见的一种,一般是由于有利的风场或海流所诱导而成的。在南海,其北部陆架、越南东部沿岸和吕宋岛西北岸外海域,均为主要的上升流区,其中沿岸上升流主要发生在夏季。南海沿岸上升流分布有闽南沿岸上升流、台湾浅滩渔场上升流、粤东沿岸上升流、越南归仁—芽庄—藩切沿岸上升流、吕宋西北岸外海域上升流。南海北部沿岸的上升流属季节性上升流,是夏季南海北部陆架区的普遍现象。越南东岸10°～15°N 之间,陆架很窄,200m 与 50m 等深线相距仅 30～40km。在泵吸作用下,深层水容易上升至近岸得以补充而形成上升流。越南东岸的上升流,不仅夏季存在,秋季也可能出现。从宏观上看,越南以东的低温区,似乎与我国华南沿岸的低温区相连。这或许暗示南海北部上升流和越南沿岸上升流,可能同是由西南季风驱动的一个尺度较大的上升流系。冬季(10月至翌年1月),吕宋岛西北近海存在一个强上升流区,位于16°～19°N,117°～119°E 之间(苏纪兰,2005)。

第三章 材料与方法

第一节 研究材料

本次研究共有表层沉积物样品 62 个及 3 个柱状沉积物样品。其中 1~6 号样品由国家 XXX 项目航次获得,7~51 号样品和柱状沉积物样品由国家 XXX-XX 项目航次获得,51~62 号样品搭载科技部 XX 项目航次获得(图 3-1,表 3-1)。

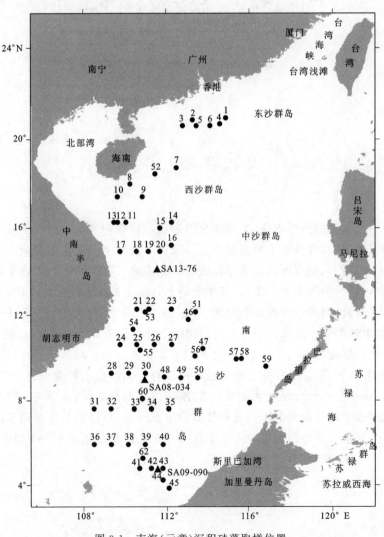

图 3-1 南海(示意)沉积硅藻取样位置

表 3-1 南海沉积物样品站位

站位	经度(°E)	纬度(°N)	样品类型	水深(m)
1	114.874 7	20.989 5	抓斗	98
2	113.260 2	20.900 8	抓斗	73
3	114.590 0	20.720 4	抓斗	100
4	112.785 9	20.541 2	抓斗	77
5	113.449 5	20.630 1	抓斗	85
6	114.114 3	20.630 0	抓斗	83
7	112.260 8	16.178 8	抓斗	471
8	110.257 7	17.932 3	箱式样	138
9	110.867 6	17.347 1	抓斗	1 665
10	109.666 1	17.345 9	箱式样	138
11	110.070 3	16.169 6	抓斗	1 010
12	109.668 6	16.160 4	箱式样	875
13	109.495 4	16.163 6	箱式样	635
14	112.260 8	16.178 8	抓斗	1 076
15	111.702 0	15.898 0	抓斗	1 180
16	112.250 1	15.096 0	抓斗	1 820
17	109.777 2	14.827 9	抓斗	377
18	111.156 2	14.831 7	抓斗	1 565
19	111.689 5	14.817 7	抓斗	1 211
20	110.595 7	12.138 2	抓斗	2 300
21	111.170 0	12.136 6	抓斗	2 614
22	112.233 0	12.131 0	抓斗	4 238
23	110.589 1	14.826 8	抓斗	800
24	109.767 4	10.500 1	箱式样	350
25	110.591 2	10.499 8	抓斗	1 920
26	111.424 3	10.505 2	抓斗	3 772
27	112.257 6	10.510 4	抓斗	4 070
28	109.345 0	9.173 5	抓斗	1 071
29	110.175 1	9.171 0	抓斗	2 012
30	110.999 4	9.171 4	抓斗	2 091
31	108.511 4	7.520 2	抓斗	108
32	109.330 8	7.521 2	抓斗	423
33	110.457 7	7.518 4	抓斗	1 838

续表 3-1

站位	经度(°E)	纬度(°N)	样品类型	水深(m)
34	111.275 2	7.522 9	抓斗	1 960
35	112.107 2	7.534 5	抓斗	1 860
36	108.512 5	5.867 1	抓斗	101
37	109.342 2	5.871 1	抓斗	139
38	110.168 9	5.872 2	抓斗	354
39	110.990 2	5.863 2	抓斗	1 123
40	111.826 2	5.871 3	抓斗	1 432
41	110.723 0	4.768 2	抓斗	112
42	111.276 3	4.771 2	抓斗	101
43	111.833 1	4.763 3	抓斗	114
44	111.832 0	4.218 1	抓斗	78
45	112.104 8	3.943 5	抓斗	62
46	113.046 1	11.659 6	抓斗	3 700
47	113.759 2	10.303 7	抓斗	2 226
48	111.887 4	9.004 9	抓斗	1 731
49	112.678 1	8.963 7	抓斗	2 353
50	113.510 8	8.963 7	抓斗	1 813
51	113.410 6	11.997 4	抓斗	4 185
52	111.470 3	18.397 2	抓斗	1 184
53	111.005 3	12.009 8	抓斗	2 946
54	110.399 5	11.198 8	抓斗	1 609
55	110.756 9	10.255 8	抓斗	1 081
56	113.371 5	9.973 4	抓斗	2 189
57	115.416 5	9.832 5	抓斗	1 706
58	115.600 7	9.855 6	抓斗	1 446
59	116.778 3	9.493 5	抓斗	2 150
60	110.861 3	8.003 5	抓斗	1 865
61	115.996 6	7.809 4	抓斗	2 589
62	110.868 2	5.383 7	抓斗	181
SA08-34	110.997 7	8.916 1	重力活塞	1 834
SA09-90	111.548 9	4.771 8	重力活塞	96
SA13-76	111.401 5	14.010 4	重力活塞	2 801

第二节 研究方法

一、硅藻样品分析

1. 样品的采集和沉积硅藻分离

沉积物样品采集按《海洋调查规范》(GB/T 13909—92)的要求进行,表层沉积物的采样方法多为抓斗取样,部分为箱式采样器取样,柱状沉积物为重力活塞取样。

首先要对沉积物样品进行沉积硅藻的分离,沉积硅藻的分离方法有很多,目的是把沉积物中的硅藻细胞完好、全部地分离出来,只要能保证把沉积物中的硅藻细胞干净、经济地分离出来,就是好方法。以往的方法大都使用镉重液悬浮将硅藻和黏土矿物等分离。用稀盐酸除钙质,双氧水去有机质。Lapointe(2000)的方法不使用重液分离,先使用 10% 的 HCl,除去碳酸钙,再使用 30% 的 H_2O_2 氧化有机物,最后用 $10\mu m$ 的网筛过滤以除去黏土。笔者在 Lapointe 的方法上又做了改进,直接用 $15\mu m$ 的网筛过滤以除去黏土矿物等细颗粒物质,在此之前对 $15\mu m$ 的网筛滤下的部分进行镜检,观察结果显示滤下的只有少量破碎的硅藻壳体,因此采用这种方法不会影响到硅藻的丰度变化。具体分离步骤如下:

(1) 取 10g 左右沉积物样品在 105℃ 的烘干箱烘干恒重。
(2) 将烘干样品放入高皿容器或 50ml 小烧杯中,加满蒸馏水浸泡 24h。
(3) 用 100~120Hz 进行超声波分散。
(4) 用 $15\mu m$ 的网筛过滤,过滤时要用蒸馏水冲洗。
(5) 把网筛上的材料放入 10ml 试管内,加入几滴稀盐酸。
(6) 水洗多次,分离完成,准备制片。

2. 硅藻样品的制片

(1) 将 18mm×18mm 盖玻片放在稀硫酸中煮 30min,用蒸馏水冲洗,放入酒精中浸泡 1 周,载玻片也要放入酒精中浸泡 1 周,制片时把载玻片和盖玻片用绸布擦干,备用。
(2) 取干净的盖玻片放在纸板上,视浓度大小,吸取 $20\mu l$ 或 $40\mu l$ 材料均匀涂在盖玻片上,晾干去水。
(3) 将涂有材料的盖玻片放在酒精灯上烘干,滴一滴加拿大树胶(2 份加拿大树胶:1 份二甲苯)在盖玻片上,取一块载玻片放在酒精灯上烘干,轻盖在有加拿大树胶的盖玻片上,反转,贴上标签,制成永久玻片,每个样品制片 3 张。制片完成,放于标本盒中用于镜检。

3. 硅藻鉴定和统计

(1) 鉴定和统计:将制好的永久玻片硅藻在 Olympus BX51 光学显微镜下观察,鉴定使用的放大倍数为物镜 40×、目镜 20×。对于每个样品统计硅藻的壳体数量目前国际上尚无统一规定。笔者采用同行学者通常的做法，每个样品鉴定和统计硅藻 300 壳左右(Lapointe,2000；Jiang,2001)，不足者以统计 3 张标准片为准。对于壳体不完整的个体，中心纲硅藻以一半完整，羽纹纲硅藻以壳缝一侧完整(Lopes,2006)参与记数。为了提高统计的准确性，每个样品进行随机行数观察(Lapointe,2000)。尽量鉴定到种，否则鉴定到属。在鉴定过程中，特别要注意反映环境变化的指示种的变化。

(2) 绝对丰度及相对丰度的计算：绝对丰度为每克沉积物硅藻个数，计算公式为：

$$\text{绝对丰度}(\text{壳}/g) No\ \text{Valves}/g = [(N \times (S/s)) \times (V/v)] \times 1\,000/W$$

式中：N 为观察硅藻的壳体数；S 为样品总行数；s 为观察行数；V 为总体积；v 为盖玻片滴溶液的体积；W 为样品干重。相对丰度为各种藻在每个样品中各种硅藻的百分含量(Abrantes et al.,2007)。

硅藻的分类鉴定主要参考金德祥等(1965、1982、1991)、蓝东兆等(1995)、程兆第等(1993)、郭玉洁和钱树本(2003)、Schmidt(1927)、Grethe(1960)、Hustedt(1930)、Jousé(1977)、Mann(1907)、Mann(1925)、Van Heurck(1896)和 Round et al.(1990)等硅藻书籍。

4. 扫描电镜样品的材料处理和观察

扫描电镜的材料处理根据《中国湖相化石硅藻图集》(黄成彦,1998)的方法，首先将 18mm×18mm 盖玻片放在稀硫酸中煮 30min，用蒸馏水冲洗，放入酒精中浸泡 1 周，制片时把盖玻片擦干。然后视样品浓度用滴管在每片盖玻片上滴 2～3 滴蒸馏水，再用细玻璃棒将样品和蒸馏水充分搅匀，使用自然干燥，干燥后对载有硅藻样品的盖玻片进行光镜下预选，对硅藻壳面清晰、干净、分布均匀的标本在扫描电镜样品台上进行喷镀，镀金 25～30sec，最后将喷镀好的样品放入扫描电镜样品室内进行观察。

二、沉积物粒度分析

对海洋沉积物进行粒度分析首先要经过前处理，然后才能上机分析。我国目前对沉积物进行粒度分析有多种前处理方法，如：直接加六偏磷酸钠经超声波分散(国家海洋局,1975)；加双氧水去有机质后再加分散剂经超声波处理后测量(雷坤等,2001)；加双氧水、盐酸、碳酸钠和氢氧化钠分别去除有机质、碳酸盐和蛋白石后测量(孙有斌等,2003)等。

在本次研究中，粒度分析按照《海洋调查规范》(GB/T 13909—92)的规定进行。对有代表性的 36 个表层沉积物样品进行分析，取湿沉积物样约 1g 置于烧杯中，加浓度为 0.5mol/L 的六偏磷酸钠([NaPO$_3$]$_6$)5ml，经分散 24h 后进行上机分析。

粒度分析使用 Mastersizer 2000 激光粒度仪(测试范围 0.02～2 000μm)。沉积物分类命名按海洋调查规范规定的谢帕德三角图分类命名，采用 Fork 和 Word(1957)的粒度参数公式计算平均粒径(M_z)、标准偏差(σ_i)、偏态(S_{ki})及峰态(K_g)4 项参数。

$$M_z = \frac{\phi_{16} + \phi_{50} + \phi_{84}}{3} \tag{1}$$

$$\sigma_i = \frac{\phi_{84} - \phi_{16}}{4} + \frac{\phi_{95} - \phi_5}{6.6} \tag{2}$$

$$S_{ki} = \frac{\phi_{16} + \phi_{84} - 2\phi_{50}}{2(\phi_{84} - \phi_{16})} + \frac{\phi_5 + \phi_{95} - 2\phi_{50}}{2(\phi_{95} - \phi_5)} \tag{3}$$

$$K_g = \frac{\phi_{95} - \phi_5}{2.44(\phi_{75} - \phi_{25})} \tag{4}$$

三、沉积物地球化学分析

样品的化学分析由中国科学院广州海洋地质实验测试中心完成。沉积物样品在恒温(60℃)环境下烘干后,研磨至 200 目以下,然后分别进行化学全分析和 9 种微量元素的测试。其中 SiO_2 采用重量法,Al_2O_3 采用容量法,Co、Ba、Zr 用等离子质谱分析,其他组分 Fe_2O_3、CaO、K_2O、Na_2O、MgO、MnO、Sr、Cu、Zn、Pb、Cr 和 Ni 等组分用原子吸收法进行分析。

四、地质年代测定

样品选用全岩样品由广州地球化学研究所做常规有机质 ^{14}C 年龄测试。样品经加酸加碱加酸(酸碱酸法)处理,去除无机碳和可溶性有机碳,用液体闪烁计数器(LS)测稳定的有机碳年龄,未作年龄校正。

第四章 南海表层和柱样沉积物硅藻分类

第一节 本次发现的新种和新记录种

本次通过对南海表层沉积物和两个柱样沉积物中的硅藻研究共发现 2 个新种和 6 个新记录种。

一、新种

1. 双角缝舟藻四角变型 *Rhaphoneis amphiceros* f. *tetragona* Sun et Lan(图版 19/2,3)

壳面近方形,壳面点纹粗,10μm 7 点,组成弧状弯曲的点条纹,10μm 7 条。拟壳缝明显,成三叉状,本种与双角缝舟藻四角变种的区别在于,一条壳缝的半边退化。

分布:采自南海 SA08-34 柱样沉积物。

2. 珠网斑盘藻 *Stictodiscus arachne* Sun et Lan(图版 21/1~5)

壳面圆形,略突起,直径 52~90μm。孔纹圆形,非乳头状,壳面中央部分排列不规则,在近壳缘处呈列状辐射排列,10μm 3 行。壳面具明显的透明放射线,从中心直达壳缘。各放射线间有交叉的、形似珠网的轮状纹。

分布:采自南海表层 14、29、12、32 号站位,SA08-34 柱样沉积物。

二、我国的新记录种

1. *Asterolampra grevillei* (Wall.) Greville(图版 3/1)

Trans. Micr. Soc. N. S. Bd. Ⅷ,S. 113,Taf. Ⅳ,Fig. 21(1860).

Synonym:*Asteromphalus Grevillei* Wallich,Trans. Micr. Soc. N. S. Bd. Ⅷ,S. 47,Taf. Ⅱ,Fig. 15(1860).

—*Asterolampra rotula* Greville,1. c. S. 111,Taf. Ⅲ,Fig. 5(1860).

—*Asterolampra variabilis* Greville,1. c. Taf. Ⅲ,Fig. 6~8(1860).

—*Asteromphalus variabilis* Rattray,Revis. Cosc. S. 655(1889).

—*Asterolampra Grevillei* var. *adriatica* Grunow,V. H. Syn. Taf. 127,Fig. 12(1881).

—*Asterolampra variabilis* var. *Richardi* Peragallo,Bull. Mus. Oceanogr. Monaco Nr. 7,S. 12,Fig. 3(1904).

细胞圆鼓状,微凸,直径 70~125μm,壳面中部有一无室透明区,壳面中央星纹区的宽度至少是壳面直径的 1/4,壳面上有 13 条(或 7~17)等粗的、均匀排列的透明无纹区,两无纹区之间为凹下的扇形孔纹区,孔纹很小,约为 10μm 20~22 个。在各无纹区靠近壳面边缘处,有一小爪状突起。壳面中心放射伸出二分叉细无纹区,有的末端又二分叉,分别通向扇形小室的向心端。

生态:大洋暖水性。

分布:采自南海 SA08-34 柱样沉积物。

2. *Dictyoneis marginata* (F. W. Lewis) Cleve(图版 10/1~6)

Boyer 1928,Proc. Acad. Nat. Sci. Philad. 79 Suppl.:343; Round et al. 1990,p. 468; Schmidt et al. (1874—1859) Taf. 160; Schmidt et al. (1874—1859) Taf. 188; Hustedt 1959,Vol. 1 p577. Fig. 1009.

Synonyme: *Pseudodiploneis commutate* Cleve,in litt!

Dictyoneis marginata var. *commutate* Cleve,Nav. Diat. 1,S. 31(1894).

Navicula marginata Boyer 1928,Proc. Acad. Nat. Sci. Philad. 79 Suppl. 343.

细胞单独生活,在热带分布比温带广。该属仅本种常见,其余稀少且为化石种。壳面提琴状,长 105μm,中央缢缩处宽 13μm,壳面最宽处 29μm。壳缝直,端裂缝向相反的方向弯曲,壳缘的小室 10μm 4 个,壳面的小室 10μm 7~8 个。

生态:海水生活。

分布:采自南海 36 号和 51 号站位表层沉积物,SA08-34 和 SA13-76 柱样沉积物。

3. *Plagiogramma papille* Cleve v. Greve(图版 17/10、11)

壳面两侧双波浪状,中央缢缩,两端缢缩延长,壳面的中央具圆形透明区,壳面长 32μm,壳面最宽处 20μm,壳面具横和纵的点条纹,横列点条纹 10μm 8 条,拟壳缝明显,壳端各有一个无纹区,直达壳缘,中心有一个长方形的无纹区,宽约 10μm。

生态:海水生活。

分布:采自南海 SA08-34 柱样沉积物。

4. *Rutilaria radiate* Grove & Sturt(图版 20/8)

In J. Quekett microsc. Club,new ser. 2:323,pl. 18 Figs. 4,5(1886).

—Lautour in Trans. Proc. N. Z. Inst. 21:pl. 22 Fig. 10 (1889).

—A. Schmidt,Atlas Diatom.

—Kunde:Taf. 183 Figs. 21~23(1893).

—De Toni,Syll. Alg. 2:1022(1894).

—Laporte Lefébure,Diatom. Rares cur. 1:pl. 3 Fig. 19(1929).

—Tsumura in Bull. Yokohama City Univ. Soc. 16,Nat. Sci. 1:90,pl. 3 Figs. 1,2 (1964).

—Jurilj Acta bot. croat. 24:77,Figs. 9,10 (1965).

—Desikachary & Sreelatha,Oamaru Diatoms. Biblioth. Diatomol. 19:226,pl. 97 Figs. 1~10(1989).

壳面伸长，两端稍隆起，中央部分加宽。长 24μm，宽 13μm。壳面中部具叉围突，边缘齿状。

生态：海水，化石种。

分布：前苏联，新西兰，加里福尼亚，南海 SA08-34 柱样沉积物。

5. *Triceratium contumax* Mann（图版 26/3~7）

Mann1925,p162. Plate 39,Fig. 6.

壳面三角形，边缘直，边长 48~78μm，角锐；壳面中部略凹，角稍隆起，壳面边缘的筛室较大，壳面中央有一圆形小室，或方斑点延伸到角的顶点。孔纹与各边几乎成垂直排列。壳面中央散乱排列圆形小室，圆形小室发出稀疏的射线。边缘的小室，10μm 3~4 个。细胞环面观中部略凹，壳套与环相连处有凹沟，环面几乎无纹。除了一排纹在它的上面和下面，本种与 *Triceratium margaritiferum* 很像。

生态：海水生活。

分布：菲律宾，南海 14 号站和 29 号站位表层沉积物，SA08-34 和 SA13-76 柱样沉积物。

6. *Triceratium suboffieiosum* Hustedt（图版 27/3~6）

壳面正方形，4 个角圆弧状，四边中央向内凹入，边长 50μm。壳面中央有一圆形小室，周围小室向外放射状排列，靠近四角星散状排列。边缘的小室，10μm 7 个。

生态：海水生活。

分布：采自南海 SA08-34 柱样沉积物。

第二节　种类与生态特征

本次从南海表层沉积物和南海西、南部晚第四纪的两个柱样沉积物中，共鉴定到硅藻 272 种和变种、变型，隶属 57 属。表 4-1 为本次鉴定的种类名称及生态特征。部分种类照片见图版 1~27。

表 4-1 本次鉴定的种类名称及生态特征

拉丁学名	中文种名	盐度条件	温度条件	表层	SA08-34	SA13-76	图版
Achnanthes orientalis (Mann) Hustedt	柠檬曲壳藻	M	广布种	+			1/1
Achnanthes crenulata Grunow	波缘曲壳藻	MF	广布种	+	+		
Actinocyclus alienus Grunow	奇妙辐环藻	M	广布种	+		+	
Actinocyclus curvatulus Janisch	弯曲辐环藻	M	广布种	+			
Actinocyclus ehrenbergii Ralfs	爱氏辐环藻	M	广布种	+	+	+	1/4~6
Actinocyclus ehrenbergii var. crassa (W. Sm.) Hustedt	爱氏辐环藻厚缘变种	M	广布种	+	+	+	
Actinocyclus ehrenbergii var. ralfsii (W. Sm.) Hustedt	爱氏辐环藻莱氏变种	M	温带种	+	+	+	
Actinocyclus ehrenbergii var. tenella (Breb.) Hustedt	爱氏辐环藻优美变种	M	广布种	+	+	+	1/7~10
Actinocyclus ellipticus Grunow	椭圆辐环藻	M	广布种	+	+	+	1/11
Actinocyclus elongatus Grunow	长辐环藻	M		+	+	+	1/12
Actinocyclus fasciculatus Castracans	束状辐环藻	M		+	+	+	
Actinocyclus normanii (Greg.) Hustedt	诺氏辐环藻	M			+	+	
Ctinocyclus subtilis (Greg.) Ralfs	细弱辐环藻	M		+	+	+	
Actinoptychus annulatus (Wall.) Grunow	环状辐裥藻	M	暖水种	+	+	+	2/1
Actinoptychus marylandicus Amdrews	马里兰辐裥藻	M		+	+	+	
Actinoptychus splendens (Shadb.) Ralfs	华美辐裥藻	MB	广布种	+	+	+	2/2~4
Actinoptychus undulatus (Bail.) Ralfs	波状辐裥藻	MB	广布种	+	+	+	2/5~7
Actinoptychus trilingulatus (Eer.) Ralfs	三舌辐裥藻	M	暖水种	+	+	+	2/8~10
Actinoptychus vulgaris Schumann	中等辐裥藻	M		+	+	+	2/11,12
Amphrora alate (Ehr.) Kutzing	翼茧形藻	MB		+	+		
Amplora crassa Gregory	厚双眉藻	M	广布种		+		

续表 4-1

拉丁文学名	中文种名	盐度条件	温度条件	表层	SA08-34	SA13-76	图版
Amplora holsatica Hustedt	霍氏双眉藻	F		+			
Arachnoidiscus Bailey	蛛网藻属	M		+	+		
Asterolampra grevillei Wallich*		M	暖水种	+	+	+	3/1
Asterolampra marylandica Ehrenberg	南方星纹藻	M	热性种	+	+	+	3/2～4
Asteromphalus arachne (Breb.) Ralfs	蛛网星脐藻	M	广布种	+	+	+	3/5,6
Asteromphalus cleveanus Grunow	长卵面星脐藻	M	热性种	+	+	+	
Asteromphalus dimimutus Mann	小形星脐藻	M	热性种	+	+	+	3/7
Asteromphalus elegans Greville	美丽星脐藻	M	广布种	+	+	+	3/8,9
Asteromphalus flabellatus (Breb.) Greville	扇形星脐藻	M	热性种	+	+	+	3/10～12
Asteromphalus heptactis (Breb.) Ralfs	椭圆星脐藻	M		+	+	+	4/1
Asteromphalus hookei Ehrenberg	胡克星脐藻	M	广布种	+	+	+	4/2
Asteromphalus imbricatus Wallich	复瓦状星脐藻	M		+	+	+	4/3
Asteromphalus robustus Castracane	粗星脐藻	M		+	+	+	4/4
Asteromphalus roperianus (Grun.) Ralfs	罗柏星脐藻	M		+	+	+	4/5
Auliscus incertus A. Schmidt	眼纹藻	M		+			
Bacteriastrum hyalinum Lauder	透明辐杆藻	M	广布种	+	+	+	4/6～8
Biddulphia aurita (Lyngb.) Brebisson et Godey	长耳盒形藻	M	广布种	+	+	+	
Biddulphia dubid (Bright.) Cleve	可疑盒形藻	M	暖水种	+	+	+	
Biddulphia granulata Roper	颗粒盒形藻	M	温带种	+	+	+	4/9,10
Biddulphia grundleri A. Schmidt	横滨盒形藻	M	温带种	+	+	+	
Biddulphia mobiliensis (Bail.) Grunow	活动盒形藻	M	广温种	+	+	+	

续表 4-1

拉丁文学名	中文种名	盐度条件	温度条件	表层	SA08-34	SA13-76	图版
Biddulphia pulchella Gray	美丽盒形藻	M	广温种	+	+	+	
Biddulphia regina W. Smith	王后盒形藻	M		+	+		
Biddulphia reticulata Roper	网状盒形藻	M	暖水种	+	+	+	4/11,12
Biddulphia tuomegi (Bailey) Roper	托氏盒形藻	M	暖水种	+	+	+	5/1
Caloneis janischiana (Rab.) Boyer	贾泥美壁藻	M		+	+	+	5/4,5
Caloneis liber (W. Sm.) Cleve	离生美壁藻	M		+	+		
Caloneis ophiocephala (Cleve et Grove) Cleve	蛇头美壁藻	M	暖水种	+			5/6
Campylodiscus biangulayus Greville	双角马鞍藻	M	广布种				
Campylodiscus birostratus Deby	双喙马鞍藻	M	广布种	+	+	+	5/7~9
Campylodiscus brightwellii Grunow	布氏马鞍藻	M	广布种	+	+		
Campylodiscus decorus Brebisson	优美马鞍藻	M	广布种	+	+		
Campylodiscus ralfsii W. Smith	辣氏马鞍藻	M	暖水种	+	+	+	5/10
Campylodiscus triumphans A. Schmidt	胜利马鞍藻	M	广温性		+		
Chaetoceros messanensis Castracane	短刺角毛藻	M	暖水种	+	+	+	6/1,2
Clinacosphenia moniligera Ehrenberg	申梭梯楔藻	Mfos.		+	+		6/3
Cocconeis distans Gregory	稀纹卵形藻	M	广布种	+	+	+	6/4
Cocconeis heteroidea Hantsch	异向卵形藻	Mfos.	广布种		+		6/5~7
Cocconeis heteroidea var. curvirotunda (Temp. et Brun) Cleve	异向卵形藻拱纹变种	F		+			
Cocconeis placentula var. lineata (Ehr.) Cleve	扁圆卵形藻线条变种	Mfos.		+			
Cocconeis pseudomarginata Grewgory	假边卵形藻	M	广布种	+	+		6/8
Cocconeis scutellum Ehrenberg	盾卵形藻						

续表 4-1

拉丁文学名	中文种名	盐度条件	温度条件	表层	SA08-34	SA13-76	图版
Coscinodiscus africanus Janisch	非洲圆筛藻	M	暖水种	+	+	+	7/1～3
Coscinodiscus anguste-lineatus A. Schmidt	狭线形圆筛藻	M	广布种	+	+		
Coscinodiscus agapetos Rattray	善美圆筛藻	M	暖水种	+	+	+	
Coscinodiscus argus Ehrenberg	蛇目圆筛藻	MB	广布种	+	+	+	7/4～6
Coscinodiscus asteraeus Cheng, Liu et Lan	星圆筛藻	M	暖水种	+	+		
Coscinodiscus asteromphalus Ehrenberg	星脐圆筛藻	MB	广温种	+	+	+	
Coscinodiscus blandus A. Schmidt	舌形圆筛藻	M	暖水种	+	+	+	
Coscinodiscus centralis Ehrenberg	中心圆筛藻	M	广温种	+	+	+	7/8,9
Coscinodiscus confusus Rattray	混杂圆筛藻	M	广布种	+	+		
Coscinodiscus crenulatus Grunow	细圆齿圆筛藻	M	热带种	+	+	+	7/10～12
Coscinodiscus curvatulus Grunow	弓束圆筛藻	M	广布种	+	+	+	
Coscinodiscus decrescens Grunow	减小圆筛藻	M	暖水种	+	+	+	8/1,2
Coscinodiscus deformatus Mann	畸形圆筛藻	M	广布种	+	+		
Coscinodiscus denarius A. Schmidt	银币圆筛藻	M	暖水种	+	+	+	
Coscinodiscus gigas Ehrenberg	巨圆筛藻	M	暖水种	+	+	+	
Coscinodiscus joneianus (Grev.) Ostenfeld	琼氏圆筛藻	M	广布种	+	+	+	
Coscinodiscus kutzingii A. Schmidt	库氏圆筛藻	M	温带种	+	+	+	8/3～5
Coscinodiscus marginatus Ehrenberg	具边圆筛藻	MB	广布种	+	+	+	
Coscinodiscus nitidus Gregory	光亮圆筛藻	M	广布种	+	+	+	8/6
Coscinodiscus nobilis Grunow	壮丽圆筛藻	M	广布种	+	+	+	
Coscinodiscus nodulifer A. Schmidt	结节圆筛藻	M	暖水种	+	+	+	8/7～10

续表 4-1

拉丁文学名	中文种名	盐度条件	温度条件	表层	SA08-34	SA13-76	图版
Coscinodiscus oculatus (Fauv.) Petit	小眼圆筛藻	M	温带种	+			
Coscinodiscus oculus-iridis Ehrenberg	虹彩圆筛藻	M	广布种	+	+	+	8/11
Coscinodiscus plicatoides Simonsen	拟具沟圆筛藻	M	暖水种	+	+	+	
Coscinodiscus radiatus Ehrenberg	辐射圆筛藻	M	广布种	+	+	+	8/12,9/1~3
Coscinodiscus reniformis Castracane	肾形圆筛藻	M	暖水种	+	+		
Coscinodiscus robustus Greville	粗壮圆筛藻	M		+	+	+	
Coscinodiscus rothii (Ehr.) Grunow	洛氏圆筛藻	MB	暖水种	+	+	+	9/4
Coscinodiscus subconcavus Grunow	微凹圆筛藻	M		+	+		
Coscinodiscus subtilis Ehrenberg	细弱圆筛藻	BF	广布种	+	+	+	9/5
Coscinodiscus suspectus Janisch	可疑圆筛藻	M		+	+		
Coscinodiscus wittianus Pantocsek	维廷圆筛藻	F	暖水种	+	+	+	
Cyclotella comta (Ehr.)Kutzing	扭曲小环藻	MB	广布种	+	+	+	
Cyclotella striata (Kuetz.) Grunow	条纹小环藻	MB	广布种	+	+	+	9/7~9
Cyclotella stylorum Brightwell	柱状小环藻	MB	广布种	+	+	+	9/10~12
Cymbella aspera (Ehr.) Cleve	粗糙桥弯藻	F	广布种	+	+	+	
Dictyoneis marginata (F. W. Lewis) Cleve *	拜里双壁藻	M	广布种	+	+	+	10/1~6
Diploneis beyrichiana (A. S.) Amosse		M	暖水种	+	+	+	10/7~9
Diploneis bomboides (A. S.) Cleve	瓶形双壁藻	M	广布种	+	+	+	10/10
Diploneis bombus Ehrenberg	蜂腰双壁藻	M	广布种	+	+	+	10/11,12
Diploneis campylodiscus (Grun.) Cleve	马鞍双壁藻	MB	广布种	+	+	+	11/1,2
Diploneis chersonensis (Grun.) Cleve	查尔双壁藻	M	广布种	+	+	+	11/3,4

续表 4-1

拉丁文学名	中文种名	盐度条件	温度条件	表层	SA08-34	SA13-76	图版
Diploneis crabro Ehrenberg	黄蜂双壁藻	M	广布种	+	+	+	11/5
Diploneis crabro f. *suspecta* (A. S.) Hustedt	黄蜂双壁藻可疑变种	M	广布种	+	+	+	11/6~8
Diploneis crabro var. *pandura* (Breb.) Cleve	黄蜂双壁藻琴形变种	F	广布种	+	+		
Diploneis elliptica (Kuetz.) Cleve	椭圆双壁藻	M	广布种	+	+	+	11/9~12
Diploneis fusca (Greg.) Cleve	淡褐双壁藻	M	广布种	+	+	+	12/1,2
Diploneis gemmata var. *pristophora* (Jan.) Cleve	芽形双壁藻锯形变种	M	广布种	+	+		
Diploneis incurvata (Greg.) Cleve	内弯双壁藻	MB	广布种		+		12/4
Diploneis nitescens (Greg.) Cleve	光亮双壁藻	M	暖水种	+	+	+	12/3
Diploneis ovalis var. *oblonglla* (Naeg.) Cleve	阔椭圆双壁藻长形变种	F	广布种	+	+	+	
Diploneis smithii (Breb.) Cleve	史密斯双壁藻	MB	广布种	+	+	+	
Diploneis smithii var. *constricta* Heiden	史密斯双壁藻缢缩变种	M		+	+		
Diploneis smithii var. *dilatata* (M. Per.) Terry	史密斯双壁藻扩大变种	MB	广布种	+	+	+	
Diploneis splendida (Greg.) Cleve	华丽双壁藻	M	广布种	+	+	+	
Diploneis suborbicularis (Greg.) Cleve	近圆双壁藻	M	广布种	+	+	+	12/5~7
Diploneis weissflogii (A. S.) Cleve	威氏双壁藻	M	广布种	+	+	+	
Dossetea temperei Azpeitia	温和睡床藻			+		+	
Ethmodiscus rex (Wallich) Hendey	大筛盘藻	M	暖水种		+	+	
Fragilaria spp.	脆杆藻				+	+	
Grammatophora fundata Mann	牢固斑条藻	M	广布种	+	+	+	13/1
Grammatophora oceanica Ehrenberg	海洋斑条藻	M	广布种	+	+	+	
Grammatophora undulata Ehrenberg	波状斑条藻	M	广布种	+	+	+	13/3

续表 4-1

拉丁文学名	中文种名	盐度条件	温度条件	表层	SA08-34	SA13-76	图版
Gyrosigma balticum (Her.) Rabenhorst	波罗的海布纹藻	M				+	
Hemidiscus cuneiformis Wallich	楔形半盘藻	M	暖水种	+	+	+	13/4～6
Hemiaulus sinensis Greville	中华半管藻	M	暖水种	+	+		
Hyalodiscus ambiguus (Grun.) Tempira et Peragallo	可疑明盘藻	M	广布	+	+	+	
Liradiscus reniformis Chin et Cheng	肾形脊刺藻	fos.		+			
Liradiscus ovalis Greville	卵形脊刺藻			+			
Mastogloia achnanthioides Mann	曲壳胸隔藻	M			+		13/9
Mastogloia bahamensis Cleve	巴哈马胸隔藻	M			+		13/10
Mastogloia fimbriata (Brightw) Cleve	睫毛胸隔藻	M	广布种	+	+	+	13/7,8
Mastogloia horvathiana Grunow	霍氏胸隔藻	M	暖水种	+	+		
Mastogloia peracuta Janisih	尖胸隔藻	M	广布种	+	+	+	13/11
Mastogloia ovum Paschale (A. S.) Mann	卵菱胸隔藻	M	暖水种	+	+		13/12,14/1
Mastogloia splendida (Greg.) Cleve et Moeller	光亮胸隔藻	M	广布种	+	+	+	
Melosira sulcata (Ehr.) Kutzing	具槽直链藻	BF	广布种	+	+	+	14/3～5
Navicula arabica Grunow	阿拉伯舟形藻	M	暖水种	+	+		14/6
Navicula australica (A. S.) Cleve	澳洲舟形藻	M			+	+	
Navicula cincta (Ehr.) Van Heurck	系带舟形藻	BF	广布种	+	+	+	14/10
Navicula circumsecta Grunow	圆口舟形藻	Mfos.	广布种	+	+	+	14/8,9
Navicula clavata Gregory	棍棒舟形藻	M	广布种	+	+	+	14/11
Navicula clavata var. *indica* (Grev.) Cleve	棍棒舟形藻印度变种	M	广布种	+	+	+	14/12,15/1
Navicula cruciula (W. Sm.) Donkin	十字舟形藻	BF	广布种	+	+	+	15/2

续表 4-1

拉丁文学名	中文种名	盐度条件	温度条件	表层	SA08-34	SA13-76	图版
Navicula directa (W. Sm.) Ralfs	直舟形藻	M	广布种	+	+	+	15/3～5
Navicula directa var. *javanica* Cleve	直舟形藻爪哇变种	M	广布种	+	+		
Navicula forcipata Greville	钳状舟形藻	Mfos.	广布种	+	+	+	15/6
Navicula forcipata var. *densestriata* A. Schmidt	钳状舟形藻密条变种	M	广布种	+			
Navicula granulata Baily	颗粒舟形藻	M	广布种	+	+	+	15/7
Navicula hennedyi W. Smith	海氏舟形藻	M		+	+	+	15/8,9
Navicula inhalata A. Schmidt	吸入舟形藻	Mfos.		+			
Navicula lyra Ehrenberg	琴状舟形藻	Mfos.	广布种	+	+	+	15/10,11
Navicula lyra var. *dialatata* A. Schmidt	琴状舟形藻膨胀变种	M	广布种	+	+		
Navicula lyra var. *insignis* A. Schmidt	琴状舟形藻特异变种	M	广布种	+	+		
Navicula lyra var. *recta* Greville	琴状舟形藻劲直变种	M	暖水种	+			
Navicula lyroides (Ehr.) Hendey	似琴舟形藻	M	广布种	+	+	+	
Navicula marina Ralfs	海洋舟形藻	MB	广布种	+	+	+	15/12
Navicula nummularia Greville	货币舟形藻	M	广布种	+	+	+	
Navicula pantocsekiana De Toni	潘土舟形藻	MB	广布种	+	+		
Navicula scutiformis Grunow	盾形舟形藻	M		+	+		
Navicula spectabilis Gregory	美丽舟形藻	M	广布种	+	+	+	16/1～3
Navicula toulaae Pantocsek	滔拉舟形藻	Bfos.		+			
Nitzschia capitallata Husted	头状菱形藻		广布种	+	+	+	
Nitzschia capuluspalae Simonsen	卡普拉菱形藻			+	+		
Nitzschia cocconeiformis Grunow	卵形菱形藻	M	广布种	+	+	+	16/10

续表 4-1

拉丁文学名	中文种名	盐度条件	温度条件	表层	SA08-34	SA13-76	图版
Nitzschia constricta (Greg.) Grunow	缢缩菱形藻	M		+			
Nitzschia denticula Grunow	齿菱形藻			+		+	
Nitzschia didyma Liu et Chin	二裂菱形藻	M	广布种	+		+	
Nitzschia distans Gregory	远距菱形藻			+			
Nitzschia fasciculata Grunow	簇生菱形藻	MB	温带种	+			
Nitzschia fluminesis Grunow	流水菱形藻	MB	广布种	+	+	+	
Nitzschia frustulum (Kutz.) Grunow	碎片菱形藻	BF	广布种	+	+	+	
Nitzschia granulata Grunow	颗粒菱形藻	MB	广布种		+	+	16/11,12
Nitzschia interruptestriata (Heiden et Kolbe) Simonsen	间纹菱形藻			+			
Nitzschia jelineckii Grunow	捷氏菱形藻	MB	广布种	+			
Nitzschia lanceolata Grunow	披针菱形藻	B	广布种	+			
Nitzschia lorenziana var. *densestrianta* Grunow	洛伦菱形藻密条变种	B	广布种		+	+	17/1
Nitzschia marine Grunow	海洋菱形藻	M	暖水种	+	+	+	17/2~6
Nitzschia margnulata Grunow	边缘菱形藻	M	广布种	+	+	+	
Nitzschia margnulata var. *didyma* Grunow	边缘菱形藻二裂变种	M	广布种	+			
Nitzschia margnulata var. *subconstricta* Grunow	边缘菱形藻亚缢变种	M	广布种	+	+	+	
Nitzschia panduriformis Gregory	琴式菱形藻	M	广布种	+	+	+	17/7,8
Nitzschia panduriformis var. *minor* Grunow	琴式菱形藻小形变种	M	广布种	+	+	+	
Nitzschia sigma (Kuetz.) W. Smith	弯菱形藻	B	广布种			+	
Nitzschia sinensis Liu	中国菱形藻	M	广布种	+	+	+	
Oestrupia musca (Greg.) Husteda	苔藓奥斯藻	M		+			

续表 4-1

拉丁文学名	中文种名	盐度条件	温度条件	表层	SA08-34	SA13-76	图版
Opephora gemmata (Grun.) Hustedt	芽形槌棒藻	fos.			+		
Plagiogramma Papille Cleve v. Greve *	美丽斜斑藻	M	广布种		+	+	17/10,11
Plagiogramma pulchellum Greville	具横区斜斑藻	M	广布种		+	+	17/9
Plagiogramma staurophorum (Greg.) Heiberg	太阳漂流藻	M		+	+	+	
Planktoniella sol (Wallich) Schutt	艾希斜纹藻	M	广布种	+	+	+	
Pleurosigma aestuarii W. Smith	镰刀斜纹藻	M	暖水种	+	+	+	
Pleurosigma flax Mann	舟形斜纹藻	M	广布种	+	+	+	
Pleurosigma naviculaceum Brebisson	诺马斜纹藻	M	温带种	+	+	+	
Pleurosigma normanii Ralfs	佛焰足囊藻	M			+	+	18/1~3
Podocystis spathulata (Shadb.) Van Heurck	星形柄链藻	M	广布种	+	+	+	18/4,5
Podosira stelliger (Bail.) Mann	鼓形伪短缝藻	M	暖水种	+	+	+	18/6,7
PseudoEunotia doliolus (wall.) Grunow	范氏圆箱藻	M	温带种	+	+	+	18/8~10
Pyxidicula weyprechtii Grunow	缝杆线藻	M	广布种	+	+	+	
Rhabdonema sutum Mann	双角缝舟藻	M	广布种	+	+	+	
Rhaphoneis amphiceros Ehrenberg	双菱缝舟藻澳洲变种	M		+	+	+	18/11,12
Rhaphoneis amphiceros var. australis Petit	双角缝舟藻四角形变种	M			+	+	19/1
Rhaphoneis amphiceros var. tetragona Grunow	双角缝舟藻四角变形	M			+		19/2,3
Rhaphoneis amphiceros f. tetragona Sun et Lan **	翼根管藻	M	暖水种	+	+	+	
Rhizosolenia alata Brightwell	伯戈根管藻	M	暖水种	+	+	+	
Rhizosolenia bergonii H. Peragallo	距端根管藻	M	暖水种	+	+	+	19/6,7
Rhizosolenia calcar-avis M. Schultze							

第四章　南海表层和柱样沉积物硅藻分类

续表 4-1

拉丁文学名	中文种名	盐度条件	温度条件	表层	SA08-34	SA13-76	图版
Rhizosolenia castracanci	卡氏根管藻	M	热带种	+	+	+	19/8
Rhizosolenia firma Karsten	坚强根管藻	M	热带种	+	+	+	
Rhizosolenia setigera Brightwell	刚毛根管藻	M	广布种	+	+	+	19/9,10
Rhizosolenia styliformis Brightwell	笔尖根管藻	M	广温种	+	+	+	19/11,12
Roperia tesselata (Rop.) Grunow	方格罗氏藻	M	暖水种	+	+	+	20/1～7
Roperia excentrica Cheng et Chin	离心罗氏藻	M	暖水种	+	+		
Rutilaria radiata Gr. & St.*	紫心辐节藻	F		+	+		20/8
Stauroneis phoenicenteron (Nitz.) Ehrenberg	掌状冠盖藻	M	暖水种		+		
Stephanopyxis palmeriana (Grev.) Grunow	珠网斑盘藻			+	+		21/1～5
Stictodiscus arachne Sun et Lan**	加利福尼亚斑盘藻	M		+	+	+	
Stictodiscus californicus Greville	约翰逊斑盘藻	Mfos.		+	+	+	20/9～12
Stictodiscus johnsonianus Greville	阿拉伯双菱藻			+	+	+	
Surirella arabica Grunow	领形双菱藻			+	+	+	
Surirella collare Schmidt	华壮双菱藻	MB	广布种	+	+	+	21/6
Surirella fastuosa Ehrenberg	华壮双菱藻楔形变种			+	+	+	21/7
Surirella fastuosa var. *cuneata* (A. S.) Cleve	流水双菱藻	M	广布种	+	+	+	21/8～10
Surirella fluminensis Grunow	墨西哥双菱藻			+	+	+	21/11,12;22/1
Surirella mexicana A. Schmidt	塞舌耳双菱藻	M		+			
Surirella seychellarum Hustedt	塞舌耳双菱藻两行变种	M		+	+	+	22/2
Synedra crystallina (Ag.) Kutzing	透明针杆藻	M		+	+	+	

续表 4-1

拉丁文学名	中文种名	盐度条件	温度条件	表层	SA08-34	SA13-76	图版
Synedra formosa Hantzsch	华丽针杆藻	M		+	+		
Synedra fulgens (Grev.) W. Smith	光辉针杆藻			+			
Synedra tabulata (Ag.) Kutzing	平片针杆藻	MBF	广布种	+	+	+	
Synedra tabulata var. *parva* (Kutz.) Grunow	平片针杆藻小形变种	MB		+			
Thalassionema nitzschioides Grunow	菱形海线藻	M	广布种	+	+	+	22/9,10
Thalassionema nitzschioides var. *parva* Heiden et Kolbe	菱形海线藻小形变种	M	广布种	+	+	+	22/11,12
Thalassiosira antigua (Grun.) Cleve-Euler	古代海链藻	M		+			
Thalassiosira decipiens (Grun.) E. Joergensen	并基海链藻	M		+			
Thalassiosira diporocyclus Hasle	凹环海链藻	M		+			
Thalassiosira excentrica (Ehr.) Cleve	离心列海链藻	M	广布种	+	+	+	23/1～4
Thalassiosira leptopus (Grun.) Hasle	细长列海链藻	M	广布种	+	+	+	23/5
Thalassiosira lineata Jouse	线性海链藻	M		+	+	+	23/6～8
Thalassiosira nanolineata (Hendey) Hasle et Fryxell	结节线海链藻	M		+	+	+	
Thalassiosira oestrupii (Ostenfeld) Proschkina-Lavrenk	厄氏海链藻	M	暖水种	+	+	+	23/9
Thalassiosira pacifica Gran et Angst	太平洋海链藻	M	广布种	+	+	+	23/10～12
Thalassiosira sackettii G. Fryxell	塞克海链藻	M	暖水种	+	+	+	24/1～3
Thalassiosira simonsenii Hasle	斯摩森海链藻	M	暖水种	+	+	+	24/4～9
Thalassiosira symmetrica Fryxell et Hasle	对称海链藻	M	广布种	+	+	+	24/10～12
Thalassiothrix frauenfeldii Grunow	佛氏海毛藻	M	广布种	+	+	+	
Thalassiothrix longissoma Cleve et Grunow	长海毛藻	M	广布种	+	+	+	
Trachyneis antillarum Cleve	安蒂粗纹藻	M	广布种	+	+	+	25/1～3

续表 4-1

拉丁文学名	中文种名	盐度条件	温度条件	表层	SA08-34	SA13-76	图版
Trachyneis aspera (Ehr.) Cleve	粗纹藻	M	广布种	+	+	+	
Trachyneis aspera var. *producta* Chin et Cheng	粗纹藻伸长变种				+	+	25/4
Trachyneis aspera var. *unilatera* Chin et Cheng	粗纹藻单边变种	M		+	+	+	
Trachyneis debyi (Leud-Fortm.) Cleve	德比粗纹藻	MB	暖水种	+	+	+	25/5,6
Triceratium affine Grunow	细纹三角藻	M	暖水种	+	+	+	
Triceratium alternans J. W. Bailey	改变三角藻	M		+	+	+	25/7,8
Triceratium cinnamoneum Greville	肉桂色三角藻	M	赤道种	+	+	+	26/1,2
Triceratium contumax Mann*				+	+	+	26/3～7
Triceratium dubium Brightwell	不规则三角藻	M		+	+	+	25/9～12
Triceratium favus Ehrenberg	蜂窝三角藻	M	广布种	+	+	+	26/8
Triceratium formosum f. *quardrangularis* Hustedt	美丽三角藻方面变种	M		+	+	+	26/9
Triceratium junctum A. Schmidt	结合三角藻	M		+	+	+	26/10
Triceratium reticulum Ehrenberg	网纹三角藻	MB	暖水种	+	+	+	26/11
Triceratium pentacrinus (Ehr.) Wallich	五角星三角藻	M	暖水种	+	+	+	26/12,27/1
Triceratium perpendiculare Lin et Chin	垂纹三角藻	M		+	+	+	27/2
Triceratium suboffieiosum Hustedt*	卵形褶盘藻				+	+	27/3～6
Tryblioptychus cocconeiformis (Cl.) Hendey		M	暖水种	+	+	+	27/11,12
Xamthiopyxis microspinosa Andrews	微刺棘箱藻	fos.			+	+	
Xamthiopyxis mirrospinosa var. *elliptica* Liu	微刺棘箱藻椭圆变种	fos.			+	+	

* *．种；*．在我国的新记录；+．出现的记录；M．海水种；B．半咸水种；F．淡水种；fos．．化石记录。

第五章　表层沉积物中的硅藻分布及环境意义

第一节　表层沉积物粒度特征

沉积物粒度大小受流水作用应力强度控制,与沉积物形成的环境密切相关,是研究水动力、物源和沉积环境的重要方法之一(金秉福,2003)。

一、沉积物类型及分布特征

根据沉积物中砂、粉砂和黏土的含量,可将研究区沉积物(由粗到细)划分为中细砂(MFS)、细砂(FS)、粉砂质砂(TS)、砂质粉砂(ST)、砂-粉砂-黏土(STY)、粉砂(T)、黏土质粉砂(YT)、粉砂质黏土共8种类型。研究站位沉积物各粒度参数见表5-1。

(1) 中细砂,该类型分布在南海西南部巽他陆架北部31和36两个站位。沉积物各组分平均含量为:砾石 0.2%~2.1%,砂 93.8%~96.2%,粉砂 3.5%~4.1%。沉积物的平均粒径为 2.65ϕ~2.91ϕ,标准偏差为 0.47~0.92,偏态为 -0.35~0.18;峰态为 1.47~1.48。

(2) 细砂,该类型分布在巽他陆架北部37号站位。沉积物各组分平均含量为:砾石 1.3%,砂 85.4%,粉砂 11.8%,黏土 11.5%。平均粒径为 2.91ϕ,标准偏差为 1.38,偏度为 -0.29;峰态为 1.11。

(3) 粉砂质砂,该类型主要分布于巽他陆架北部、北部陆架局部海域和南沙海底高原局部岛礁区。沉积物各组分平均含量为:砾石 0~0.7%,砂 49.03%~67.56%,粉砂 20%~40.01%,黏土 7.66%~12.12%。平均粒径为 3.35ϕ~4.9ϕ,标准偏差为 2.32~3.12,偏度为 0.05~0.68;峰态为 0.66~2.15。

(4) 砂质粉砂,该类型分布在南海西北部陆架18号和巽他陆架45号两个站位。沉积物各组分平均含量为:砂 24.52%~34%,粉砂 47%~59.10%,黏土 16.38%~19%。平均粒径为 5.66ϕ~5.77ϕ,标准偏差为 2.45~2.7,偏度为 -0.21~0.44;峰态为 1.01~1.25。

(5) 砂-粉砂-黏土(STY),该类型仅分布在巽他陆架北部32号站位。砂、粉砂和黏土的含量相差不大,平均粒径(M_z)为 6.33ϕ,沉积物的标准偏差为 3.65,偏度为 0.03,峰态为 0.89。

表5-1　南海表层沉积物粒度参数

站位	平均粒径 $M_z(\phi)$	分选系数 $\sigma_i(\phi)$	偏态 $S_{ki}(\phi)$	峰态 $K_g(\phi)$
1	4.08	2.81	0.13	0.66
4	3.49	2.71	0.44	0.79

续表 5-1

站位	平均粒径 $M_z(\phi)$	分选系数 $\sigma_i(\phi)$	偏态 $S_{ki}(\phi)$	峰态 $K_g(\phi)$
6	3.35	2.45	0.64	0.83
8	6.81	1.83	0.03	1.05
9	6.79	1.85	−0.06	1.10
10	6.77	1.74	0.06	1.06
12	7.22	1.38	0.17	1.10
13	7.02	1.47	0.06	1.05
15	6.61	2.41	−0.24	1.07
18	5.77	2.45	−0.21	1.01
19	6.95	1.93	−0.12	1.10
21	7.62	1.58	0.02	1.09
23	6.22	2.01	0.19	0.83
27	6.80	1.87	0.24	1.23
28	8.40	2.23	−0.08	1.10
29	8.54	1.60	−0.10	1.05
30	8.82	1.90	−0.11	1.07
31	2.65	0.47	0.18	1.47
32	6.33	3.65	0.03	0.89
33	7.79	1.57	0.10	1.07
34	8.61	1.88	−0.16	1.11
35	7.95	1.44	−0.06	1.01
36	2.91	0.92	−0.35	1.48
37	2.90	1.38	−0.29	1.41
38	4.90	2.81	0.68	2.15
39	8.14	1.60	−0.19	1.01
40	8.56	1.88	−0.88	1.00
41	3.84	2.32	0.32	1.92
42	4.31	2.59	0.47	2.15
43	7.40	2.46	0.40	0.99
44	7.41	2.83	0.46	1.00
45	5.66	2.70	0.44	1.25
46	6.01	2.05	0.06	1.06
49	6.19	2.10	0.07	1.03
50	6.52	2.11	−0.02	0.82
52	6.52	1.63	0.00	1.12

续表 5-1

站位	平均粒径 $M_z(\phi)$	分选系数 $\sigma_i(\phi)$	偏态 $S_{ki}(\phi)$	峰态 $K_g(\phi)$
53	6.83	1.72	0.01	1.18
54	6.76	1.64	0.05	1.19
56	6.00	2.12	0.04	0.82
57	4.04	3.12	0.05	0.82
59	6.81	1.88	0.03	0.94
60	6.67	1.75	−0.01	1.16
61	7.46	1.60	0.02	1.00

(6) 粉砂,该类型主要分布于大陆坡至深海海盆的过渡地段和部分深海海盆。沉积物各组分平均含量为:砂 6.29%～19.82%,粉砂 60.67%～76.28%,黏土 16.21%～19.83%。沉积物的平均粒径(M_z)为 6ϕ～6.52ϕ,标准偏差为 1.63～2.12,偏度为 0～0.07;峰态为 0.82～1.12。

(7) 黏土质粉砂,该类型主要广泛分布于西沙深水区、中央海盆及中南半岛东部和南沙海域站位。沉积物各组分平均含量为:砂 0.7%～15.71%,粉砂 50.1%～75.22%,黏土 21.47%～49.2%。沉积物的平均粒径(M_z)为 6.22ϕ～7.95ϕ,标准偏差为 1.44～2.83,偏度为 −0.01～0.46;峰态为 0.83～1.09。

(8) 粉砂质黏土,该类型主要分布于西南陆坡处。沉积物各组分平均含量为:砂 0.3%～15.71%,粉砂 32.4%～39.1%,黏土 60.2%～71%。沉积物的平均粒径(M_z)为 8.14ϕ～8.82ϕ,标准偏差为 1.6～2.23,偏度为 −0.1～0.88;峰态为 1～1.11。

二、粒度参数分布特征

沉积物的粒度参数,反映水动力条件的搬运过程和沉积过程的机制,对于分析沉积物的粒度特征、探讨沉积环境有重要意义。

1. 平均粒径(M_z)

平均粒径可指示沉积物粒径频率分布的中心趋向,其大小反映了沉积物的平均动能。在强水动力条件下,细粒物质被搬运至别处而沉积粗粒物质,弱水动力条件下则相反。研究站位沉积物平均粒径从图 5-1 可以看出,北部陆架和西南部巽他陆架域沉积物较粗,以粗粒的陆源碎屑组分为主,西南陆坡及中央海盆深海区和南沙海域沉积物较细,总的来说,沉积物平均粒径分布格局与地形和水深分布特征较一致。

2. 分选系数(σ_i)

分选系数表征沉积物的分选程度,即颗粒大小的均匀性,反映沉积物和沉积环境的关系,其中水动力条件和物质来源性质尤其明显。研究站位沉积物分选系数与水深或地形之间的相关性较差。其中巽他陆架湄公河口,是整个研究区分选最好的海域,其原因可能与该区长期反复作用的高能水动力有关。在北部陆架、西沙深水区、南沙海域附近海区,分选系数较高,属分选差和很差的范围。

3. 偏态（S_{ki}）

偏态（S_{ki}）是个对环境灵敏的指标，反映了沉积过程中能量的分异。南海沉积物偏态 $-0.24\sim0.64$。其中北部陆架、巽他陆架沉积物偏态最大，颗粒物集中于粗粒部分。西南陆坡和南沙海域粒度集中细粒部分。

4. 峰态（K_g）

峰态反映水动力环境对沉积物的影响程度。在一般情况下，单峰或窄形曲线代表沉积物的组成比较集中或单一，往往有较好的分选性；而宽峰或多峰曲线，则代表沉积物比较混杂，环境对它的改造不充分，从某种意义上来说，说明双向水流的存在。南海表层沉积物峰态等值线分布表明研究区沉积物以窄峰态和中等峰态为主，宽峰态的样品基本没有。从南海沉积物峰态的分布来看，窄峰态样品的偏态多正偏，反映沉积环境的水动力较强。

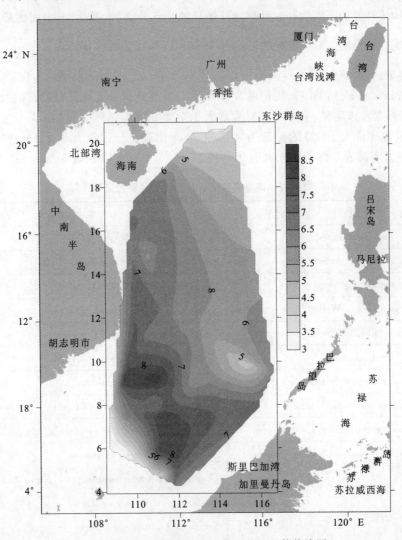

图 5-1 南海（示意）表层沉积物平均粒径等值线图

第二节 硅藻属种组成

从南海表层沉积物的 62 个样品中,共鉴定出硅藻 56 属 235 种和变种、变型,并发现 1 个新种,我国的新记录 3 种(表 4-1)。从表中可以看出,上述属种基本上是热带-亚热带类型,以热带远洋种为优势,如结节圆筛藻、方格罗氏藻、非洲圆筛藻等。伴有一定量的热带-亚热带近岸种和广布种如具槽直链藻、长海毛藻等,有的站位发现有极少量的淡水硅藻,如羽纹藻属未定种、粗糙桥弯藻,部分站位见到有零星的淡水环纹藻,硅藻生态比较复杂,既有反映水温的热性种和广温种,也有反映盐度的咸水种、半咸水种、淡水种。从栖息环境来看,主要是浮游种,其次是底栖种类。

考虑到构成种群的不同物种对种群特征的反映是有差别的,因此,本书用优势种、常见种和偶见种来描述这种差别。对优势种的确定有许多方法,如优势度计算公式 $Y = \frac{n_i}{N} \cdot f_i$ (即 n_i 为第 i 种的总个体数;f_i 为该种在各样品中出现的频率,Y 值大于 0.02 的种类为优势种)(沈国英,2002)。而 Pokras et al. (1986)是将相对含量大于 10% 或具有一定意义、相对含量超过 5% 的种定义为优势种,参考该定义,书中把相对含量大于 10% 或超过 5% 的有指示环境意义的种定义为优势种,相对含量大于 5% 的种定为常见种,硅藻相对百分含量大于 1% 的种定为偶见种。根据这种方法,南海表层沉积硅藻共有优势种 10 种,常见种 14 种(表 5-2)和偶见种 52 种。

表 5-2 南海表层沉积硅藻优势种和常见种

优势种	常见种
Coscinodiscus africanus Janisch	*Actinocyclus ehrenbergii* Ralfs
Coscinodiscus nodulifer A. Schmidt	*Actinoptychus undulates* (Bail.) Ralfs
Cyclotella stylorum Brightwell	*Bacteriastrum hyalinum* Grunow
Hemidiscus cuneiformis Wallich	*Campylodiscus brightwellii* Grunow
Melosira sulcata (Ehr.) Kutzing	*Coscinodiscus radiatus* Ehrenberg
Nitzschia marine Grunow	*Cyclotella striata* (Kuetz.) Grunow
Roperia tesselata (Rop.) Grunow	*Diploneis bombus* Ehrenberg
Thalassionema nitzschioides Grunow	*Podosira stelliger* (Bail.) Mann
Thalassiosira excentrica (Ehr.) Cleve	*Pyxidicula weyprechtii* Grunow
Thalassiothrix longissoma Cleve et Grunow	*Surirella fluminensis* Grunow
	Thalassionema nitzschioides var. *parva* Heiden et Kolbe
	Thalassiosira simonsenii Hasle
	Trachyneis antillarum Cleve
	Thalassiosira pacifica Gran et Angst

第三节 优势种生态环境划分

对于以上优势种类的生态类型的研究,前人做了大量的工作。然而,由于每人研究的地区不同,对于这些种的生态划分不完全一致。如常见的远洋种菱形海线藻,Jousé et al.(1971)划为亚热带种,Fenner(1976)划为广布种,而 Kozlova 则划为赤道种,因此,对本书研究中常见的一些种类的生态环境作一探讨,确立分带标准无疑是十分必要的。

表 5-3 为一些硅藻学家对本书优势种生态特征的划分,从表中可以看出,*Coscinodiscus nodulifer*,*Hemidiscus cuneiformis*,*Nitzschia marine* 和 *Coscinodiscus africanus*,各家均认为是热带种或赤道种,而对其余 4 种生态条件看法不一,它们的分布范围主要还是在热带和亚热带,因此,本书把它们归为暖水种。

Jous'e 等(1971)在研究太平洋表层沉积硅藻时,划分出赤道和热带硅藻等组合。其中,以 *Coscinodiscus africanus*,*Coscinodiscus nodulifer*,*Hemidiscus cuneiformis* 和 *Nitzschia marine* 等种类广泛分布于南海表层沉积物中,成为沉积硅藻的优势种类。因此,它们可作为潜在的黑潮暖流指标种,研究它们在南海表层沉积物中的分布对于揭示黑潮暖流在地质时期对南海的影响有着重要意义。

在古环境研究中,沿岸硅藻种类往往被用来指示岸线的变迁和沿岸流的强弱,在南海柱样沉积物中,*Cyclotella striata* 和 *Melosira sulcata* 等沿岸硅藻的大量出现(蓝东兆,1995),更使得我们有必要弄清这些种类在南海表层沉积物中的分布规律,为南海古海洋学研究提供依据。在南海表层沉积物中,主要的沿岸硅藻种有 *Cyclotella stylorum*,*Cyclotella striata*,*Diploneis bombus*,*Diploneis crobo*,*Melosira sulcata* 和 *Trachyneis antillarum* 等。

表 5-3 南海硅藻优势种的地理分布及生态环境

种名	生态环境				
	Jousé	小泉	金德祥	王开发	本书
非洲圆筛藻	赤道	热带	暖水种	热性种	热性种
结节圆筛藻	热带	热带	暖水种	热性种	热性种
柱状小环藻		沿岸、北方	广布种		广温种,沿岸
楔形半盘藻	热带	热带	暖水种	热性种	热性种
具槽直链藻			广布种		广温种,沿岸
海洋菱形藻	热带	热带	暖水种	热性种	热性种
方格罗氏藻		南方、热带	暖水种		暖水种
菱形海线藻	亚热带	北方、南方	广布种	暖水种	广温种
离心列海链藻			广布种		广温种
长海毛藻			广布种		广温种

第四节 硅藻分布特征

南海表层沉积物样品中绝大多数含有丰富的硅藻,仅有少数粒度较粗的样品含量较少,平均丰度为 101 195 个/g(干样),其丰度分布存在着较大的差异性,例如,巽他陆架上 42 号站位只有 72 个/g,而海盆南部含量最高的 46 号站位达 445 313 个/g,硅藻丰度值和分布特征见表 5-4 和图 5-2。

表 5-4 表层沉积硅藻丰度

站位	丰度(个/g)	站位	丰度(个/g)
1	188	32	980
2	641	33	209 009
3	656	34	239 209
4	2 126	35	61 020
5	636	36	266
6	276	37	85
7	511	38	2 603
8	3 043	39	148 148
9	168 783	40	130 687
10	3 123	41	84
11	23 540	42	72
12	39 073	43	109
13	3 143	44	101
14	37 188	45	1 102
15	64 338	46	445 313
16	146 410	47	298 535
17	2 306	48	390 071
18	90 945	49	359 788
19	183 979	50	86 560
20	65 998	51	241 813
21	22 271	52	57 037
22	145 625	53	209 500
23	30 706	54	125 334

续表 5-4

站位	丰度(个/g)	站位	丰度(个/g)
24	4 826	55	117 325
25	155 246	56	339 383
26	200 615	57	191 235
27	142 410	58	117 430
28	33 081	59	321 062
29	297 598	60	61 900
30	204 182	61	43 489
31	80	62	1 298

从硅藻在南海的分布可以看出,在研究区的西南部巽他陆架浅水区和北部陆架区,沉积物粒度较粗,多为粉砂质砂或中细砂、细砂,硅藻种类单调、数量贫乏,丰度为 72～2 603 个/g,是硅藻含量低值地带。位于研究区西北部外陆架和陆坡处,沉积物粒径变细,为黏土质粉砂。相应地,硅藻含量增加。琼东南和西沙群岛海域,海底地形为陆坡,水深为 500～1 800m 不等,沉积物以细粒为主,硅藻呈斑块状分布,水深较大的站位,硅藻丰度大于 100 000 个/g,而水深较浅的站位,丰度不足 5 000 个/g。南沙海盆区沉积物类型为黏土质粉砂和粉砂质黏土,硅藻的种类繁多,是研究区硅藻的富集带。南沙群岛海域位于南海盆与北海盆之间的岛屿、暗礁和海山群等附近海域,底部沉积物的粒度组分变化较大,硅藻丰度也相应有较大变化。整体上,研究区硅藻丰度分布显示出从陆架向海盆递增的总趋势。

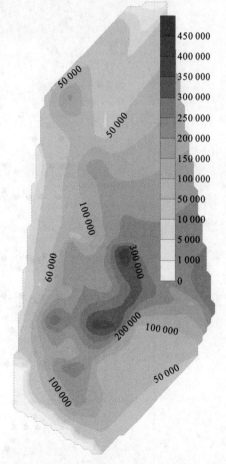

图 5-2　南海表层沉积硅藻丰度分布图(个/g)

第五节 硅藻组合分区

根据上述南海硅藻优势种和指示种 Coscinodiscus africanus, Coscinodiscus nodulifer, Cyclotella stylorum, Hemidiscus cuneiformis, Melosira sulcata, Nitzschia marina, Roperia tesselata, Thalassiothrix longissoma 以及 Thalassionema nitzschioides 等的分布特征和百分含量的变化,从北至南划分出 6 个硅藻组合带(图 5-3),各硅藻带的特征如下。

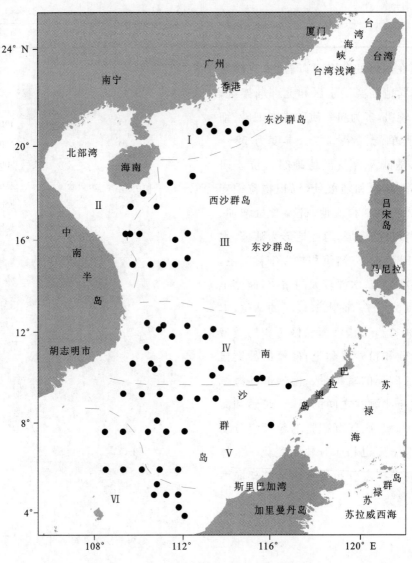

图 5-3　南海(示意)表层沉积硅藻组合带略图

1. Ⅰ带:*Melosira sulcata-Coscinodiscus nodulifer-Pyxidicula weyprechtii-Diploneis* 组合（北部陆架区）

该组合分布于水深 73～100m 的浅海外陆架区，底质类型为粉砂质砂。硅藻最高丰度 2 126 个/g，最低丰度 187 个/g。硅藻种群特征表现为优势种以底栖硅藻为主，其中近岸低盐种 *Melosira sulcata* 占 5.7%～35.3%，热性种 *Coscinodiscus nodulifer* 占 9%～21.4%，近岸低盐种 *Pyxidicula weyprechtii* 占 1.9%～19.1%，近岸底栖种 *Diploneis* spp. 占 0～13.2%，其他特征种类热性种 *Hemidiscus cuneiformis* 占 1.5%～11.8%，暖水种辐射圆筛藻占 0～11.3%，暖水种 *Roperia tesselata* 占 0～7%，此外尚有一定数量的底栖种类如 *Campylodiscus brightwellii*，*Surirella fluminensis*，*Cyclotella stylorum*，*Actinoptychus undulatus*，*Trachyneis antillarum* 等。此外本组合中检出少量的广温淡水环纹藻；该区主要为晚更新世低海面时期的残留沉积，同时受到现代陆源碎屑沉积的改造，因此硅藻丰度较低，低海面时受到珠江等河流冲淡水的作用，因此发现一定的淡水种类。硅藻组合反映出既受外洋水影响，又具有内陆硅藻特点的生态较为复杂的硅藻组合面貌。该区表层冬季水温为 21～22℃，夏季 27～29℃；冬季盐度为 33～34，夏季盐度为 32.5～33。影响本区的水团主要有南海暖流，还可能受黑潮南海北流分支和北部沿岸流的影响。因此，硅藻组合特征与海流的分布也基本是吻合的。

2. Ⅱ带:*Cyclotella stylorum-Melosira sulcata-Coscinodiscus nodulifer-Pyxidicula weyprechtii* 组合（西北部陆架区）

该组合范围较窄，主要分布于水深 138～635m 的外陆架及陆坡上缘，底质类型为黏土质粉砂。硅藻平均丰度较北部陆架区增加，平均丰度为每克干样 3 000 个左右。硅藻种类相对北部陆架浅海区减少，含量大于 1% 的仅有 14 种。该组合的突出特征是近岸低盐种 *Cyclotella stylorum* 占绝对优势，其百分含量在整个南海研究区最高，含量最少的站位也达到 42%，其中含量最高的是离海南岛陆地最近的 8 号站位，达 73.1%。含量仅次之的是低盐种 *Melosira sulcata*，占到 9.8%～18.4%，本组合中仅这两种藻就占到 70%。此外，含量较多的还有热性种 *Coscinodiscus nodulifer*，占 10%，低盐种 *Pyxidicula weyprechtii* 含量为 2%～2.9%。硅藻组合表现为以沿岸种为主。硅藻组合说明该区受强的沿岸流影响。

3. Ⅲ带:*Coscinodiscus nodulifer-Thalassiothrix longissoma-Roperia tesselata-Coscinodiscus radiatus*（西沙海区）

本组合分布范围较广，大多在西沙海域，个别站位于琼东南海域。水深为 800～1 800m，底质类型为黏土质粉砂。该组合硅藻丰度值较高，最高丰度 183 978 个/g，最低丰度 23 540 个/g。并且硅藻丰度有随深度增大而增加的趋势，如水深较深的站位（9、16、19），每克干样中硅藻大于 100 000 个，而水深相对较浅的站位，每克干样不足 5 000 个。本组合硅藻属种丰富，分异度高，含量大于 1% 的种类有 32 种。热性种和暖水种含量明显增加，近岸潮间带种几乎绝迹，仅具槽直链藻有一定数量。主要优势种 *Coscinodiscus nodulifer* 含量达 28.8%～47.1%，大洋浮游种 *Thalassiothrix longissoma* 占 1.1%～11.2%，*Roperia tesselata* 占 1.4%～7.8%，暖水种 *Coscinodiscus radiatus* 占 2.7%～8.3%，此外，本组合沉积物中还见到大量的短刺角毛藻的角毛。其他的特征种类 Thalassiosira excentrica 占 0.8%~6%,太平洋海链藻占 0.6%~6.6%,热性种楔形半盘藻占 1.3%~13%,Coscinodiscus africanus 占 0~5.6%,Nitzschia marine 占 0~3.6%,广温种 Thalassionema nitzschioides 占 0.4%~2.5%。该区表层水温冬季是 24℃,夏季 29℃,表层盐度冬季为 34,夏季 33.5。影响本组合分布区的主要水团是南海西南部的北向海流和南海南部水团的部分渗透,硅藻组合代表一种可能具过渡水团性质的次深海环境。

4. Ⅳ 带:*Coscinodiscus nodulifer-Roperia tesselata-Thalassiothrix longissoma*(海盆区)

本组合分布于次深海到深海海盆区,是研究区内水深最深的区域。除了个别站位,大部分站位水深均大于 2 000m,整体上,西部水体较浅,东部较深。最深的站位水深 4 238m。该带底质类型复杂,其中,深海平原底质粒径较细,沉积物类型为黏土质粉砂。而南沙东南方向的岛礁沉积物类型为粉砂。本组合最高丰度 445 312 个/g,最低丰度 4 826 个/g。硅藻种类数也较多,其中含量大于 1% 的有 42 种。本带暖性种类含量大幅下降,热性种类含量占优势。热性种 Coscinodiscus nodulifer 含量达 26.3%~49.4%,Roperia tesselata 占 3%~8.2%,Thalassiothrix longissoma 占 0.2%~11.8%。其他的特征种类是 Bacteriastrum hyalinum 占 0~9.9%,Coscinodiscus radiatus 占 0~6.4%,Thalassiosira excentrica 占 1.7%~6.4%,Thalassiosira pacifica 占 1.7%~5%,Melosira sulcata 占 0.6%~11%,Coscinodiscus africanus 占 0~4.3%,Actinocyclus ehrenbergii 占 0.8%~5.3%,Cyclotella striata 占 0.9%~5%,Hemidiscus cuneiformsi 占 0.7%~4%,Cyclotella stylorum 占 0~7.1%,Nitzschia marin 占 0.3%~4%。该区表层水温冬季是 26~27℃,夏季 29~30℃,表层盐度冬季为 33~34,夏季大于 33。本组合代表一种半封闭状边缘海中具性质稳定、均匀的中央水团的次深海-深海区环境。

5. Ⅴ 带:*Coscinodiscus nodulifer-Thalassiosira excentrica-Roperia tesselata*(南沙群岛区)

本组合分布于南沙群岛海域,水深为 1 071~2 589m 的次深海区,底质类型多为黏土质粉砂。其中岛礁区粒径较粗,底质由粉砂和粉砂质砂组成。硅藻丰度值较高,最高丰度 359 778 个/g,最低丰度 33 080 个/g。硅藻丰度较高可能与由加里曼丹岛上的河流带来丰富的营养盐,或富含营养盐的苏禄海水经巴拉巴克海峡进入南海,或由西南季风产生的上升流把营养盐丰富的中、深层水带到表层等原因有关。本带暖水种含量下降,热性种含量占优势,主要优势种仍为 Coscinodiscus nodulifer,含量为 16.3%~50.6%,Thalassiosira excentrica 占 3%~13.4%,Roperia tesselata 占 3%~9.8%,其他的特征种类较多,主要有 Bacteriastrum hyalinum 占 0~9.4%,Thalassiothrix longissoma 占 0~8.6%,Thalassiosira pacifica 占 1.5%~6%,Coscinodiscus radiatus 占 1.6%~8.8%,Coscinodiscus africanus 占 1.4%~8.1%,Melosira sulcata 占 0.8%~8.4%,Nitzschia marine 占 0.5%~3.5%,Thalassionema nitzschioides 占 0~4.6%,Cyclotella stylorum 占 0.4%~5.8%,Asteromphalus flabellatus 占 0.5%~3.1%,Thalassiosira sackettii 占 0.8%~3.9%,Hemidiscus cuneiformsi 占 0.6%~4.6%。

该区表层水温冬季是 27℃,夏季 29~30℃,表层盐度冬季为 33~34,夏季大于 33,硅藻组合反映了表层水温较高的远洋环境。

6. Ⅵ带：*Coscinodiscus noduli fer-Hemidiscus cunei formis-Trachyneis antillarum-Melosira sulcata*（巽他陆架北部区）

本组合分布于水深62~400m的南海南部的巽他陆架北部，底质粒径较粗，底质类型为粉砂质砂和砂质粉砂。硅藻最高丰度1 101个/g，最低丰度72个/g。硅藻丰度值在整个南海研究区最低。本带以热带远洋种和沿岸种占优势。主要优势种 *Coscinodiscus noduli fer* 占到 4.6%~62.5%，热性种 *Hemidiscus cunei formis* 占0~18.2%，半咸水种 *Trachyneis antillarum* 占0~27.3%，半咸水种 *Melosira sulcata* 占0~27.5%。其他的特征种类是大洋浮游种 *Thalassiosira simonsenii*，占0~12.5%，暖水种 *Coscinodiscus radiatus* 占0~25%，半咸水种 *Cyclotella stylorum* 占0~11.8%，沿岸底栖种 *Podosira stelliger*，占0~12.5%，该区表层水温冬季27℃，夏季28~29℃，表层盐度冬季33.5，夏季32.5。该区水深很浅，在末次冰期巽他陆架出露成陆，所以大部分属于残留沉积区，因此底质粒径较粗，不容易保存细颗粒的硅藻，导致丰度很小。硅藻主要受陆地及气象因子影响较大，该区的西北方向是中南半岛湄公河河口，来自湄公河的沿岸冲淡水团与外海水混合，形成陆架混合水团，是影响本组合分布区的主要水团；在靠近加里曼丹岛的站位均检出淡水环纹藻，说明受到加里曼丹岛拉让河和巴兰河淡水的影响。因此该区硅藻组合代表一种热带陆架环境。

由上述分析可知，南海表层沉积硅藻的分布主要受到海洋环流的影响，表现在黑潮暖流、印度洋暖水的入侵以及沿岸流对硅藻分布的影响。

第六节 南海硅藻生态特征

这次调查分析使我们对南海沉积硅藻生态特征有了比较明确的认识，南海硅藻表现为热带、亚热带区系性质。

由于受黑潮暖流的影响，南海表层沉积硅藻和太平洋赤道区的沉积硅藻，有许多相似种类，这次调查结果和Mann(1907)信天翁号"Albatross"考察在太平洋东北部表层沉积硅藻的报告比较，相同的种类有50种，这50种占本调查区硅藻种类的20%。和Mann(1925)菲律宾表层沉积硅藻相比较，有75种相同，占本调查区硅藻种类的29%，和金德祥(1980)东海表层沉积硅藻相比，有70种相同，占本调查区硅藻种类的27%。以上结果说明本海区的硅藻种类组成与临近的菲律宾海域相似程度最大，其次是东海、太平洋东北部。南海属半封闭性海区，靠多条通道与相邻的不同海区连接，其北部有巴士海峡和台湾海峡分别与西太平洋及东海相连，而南部则主要靠马六甲海峡与印度洋相通、卡里马塔海峡和加斯帕海峡与爪哇海连接，巴拉巴克海峡与苏禄海相邻。这些邻近海区具明显不同的水文特征，对南海硅藻必定产生不同的影响和效应。本调查区，影响最深的应该是来自水深较大的巴士海峡的西太平洋水系，巴士海峡水深约2 600m，西太平洋的表层水与中层水均可经过此通道输入南海北部，经吕宋海峡的北太平洋水入侵南海似乎是一种整年存在的现象，并影响着南海的内部水团分布(Shaw, 1989、1991；Qu, 2000；刘长建, 2008)。因此本调查区的种类组成与菲律宾的最为接近。而南海与东海仅靠台湾海峡直接相连，又共同拥有一条连续的中国大陆沿岸线，南来北往的水团、水系交流频繁直接，关系较为密切，也同属西太平洋的边缘海，仅纬度上有所差别，因此共同种较多。而且,南海具陆架海特征,海区中的物理、化学条件、水系水团性质、物质来源以及海洋生态系必然受毗邻的大陆及河水的影响。

从气候带特征看,本区硅藻广布种种类数最多,其次主要是分布于赤道或热带的种,广布种比例最大,说明硅藻具海洋浮游生物的普遍特性。就特征种而论,本区硅藻热性种占绝对优势,暖水种也有一定含量,表明本海区地处热带—亚热带气候,硅藻种类吻合这一气候特点。

第七节 影响表层沉积硅藻分布的主要因素

沉积物中硅藻的分布特征是由海洋环境条件综合作用所决定的,反映了各种有关因素的制约和代表一定的环境特征,因此硅藻分布与其环境必然存在密切的联系。近几十年,许多学者在硅藻与环境关系的方面,做了不少的研究工作,得出一些结论(王开发,1990;蓝东兆,1995;蒋辉,1987)。由于不同海区的自然地理状况不同,因此硅藻组合和控制硅藻分布的主要因素不尽相同,本次研究结果认为南海沉积硅藻分布受海底地质地貌、沉积速率、水动力条件和水文气候条件的影响较大。

一、海底地质地貌的影响

研究区南海海底地形比较复杂,北部或西北缘、西南部为平缓的大陆架,在150m以外,海底地形由平坦的大陆架明显地转折为陆坡,水深急剧增大。陆坡与海盆在西部约以3 200m等深线为界,往中部逐渐增加到3 600m。大陆坡上又有海底高原和海槽、海沟等。深海盆地底部为宽阔平坦的深海平原,并耸立一些高出海底数千米的海山(毛树珍,1982)。研究结果显示,据水深和地形复杂程度,硅藻丰度分布也不尽相同,从图5-4可以看出水深与硅藻丰度存在一定的正相关关系。硅藻丰度值最低的位于巽他陆架上的42号站位,丰度最高的位于海盆深处3 700m的46号站位。调查区巽他陆架浅水区和北部陆架区沉积物粒度较粗,多为砂,硅藻种类单调、数量贫乏,是硅藻含量低值地带。而位于研究区西北部外陆架和陆坡硅藻平均含量也相应增加。琼东南和西沙群岛海域地形为陆坡,水深从500~1 800m不等,沉积物以细粒为主,硅藻丰度呈斑块状分布,如水深较大的站位,硅藻含量大于100 000个,而水深较浅的站位,含量不足5 000个。南沙海盆属于海底地形平坦的深海平原,是南海现代沉积物的沉积中心,硅藻的种类繁多,是研究区硅藻的富集带。测区某些站位如23号站位,虽然处于沉积中心的海盆区,但硅藻含量并不高,这种反常情况可能是与该处火山喷发较强,火山物质的加入有关。海盆中部呈东西向分布的海山群周围海域以及南沙群岛一带,海底地形复杂,水深变化较大,硅藻的丰度变化也大。从上述资料可以看出,研究区硅藻丰度分布显示出从陆架向海盆递增的总趋势。而且,沉积速率、化石成分和浅地层剖面等方面都有证据表明南海浅海、近岸的物质向深水的海盆搬运(汪品先,1995)。因此,硅藻丰度值也明显表现为从陆架到陆坡、海盆递增的趋势。

二、水动力的影响

南海表层沉积物样品的粒度分析显示,研究区表层沉积物粒度变化范围较大。粉砂级含量占绝大多数,大部分站位粉砂含量超过50%,黏土组分含量大于40%的区域分布较少,主要位于海盆处以及西南陆坡海域,大部分区域黏土组分的含量较低,界于20%~30%之间。因而像硅藻细胞这样的细粒物质,易被海流搬运而不易保存在沉积物中,因为硅藻壳体主要存在的范围是小于60μm(陈木宏,2005),砂质沉积物不利于硅藻保存。从图5-4也可以看出硅藻丰度与沉积物平均粒径存在一定的相关性,底质粒径粗,硅藻丰度小,相反,粒径细的沉积物中硅藻丰度也大。在水动力较强的水体条件下,硅藻遗壳被搬运的距离往往较长或难以沉积,同时底质沉积物也受到一定程度的冲刷作用,如在北部陆架和巽他陆架附近,海流经过时往往流速较大,造成水体中的壳体多数无法沉降而随流动的水体被搬运走,加上冲刷作用使沉积物被分选,颗粒明显变粗,该区底质为砂,因此,即使少数壳体能在该区沉降海底,由于黏土含量偏低,也由于底质的孔隙度较大而难以保存,说明这是水动力较强作用下的一个特殊分布状况。

海流是沉积物搬运、沉积的主要水动力因素(詹玉芬,1987)。海盆位于研究区的低洼处,海流流速缓慢,特别是底层流,有利于沉积物的堆积。西沙群岛南部海域,在冬季季风的作用下,形成较强的西南向漂流,流至测区西部后受岛屿阻挡,流速减弱,并与北部湾南下的海流会合,在西沙群岛形成一个逆时针方向环流,有利于物质的沉积,因此,该海区的硅藻含量较高,如16号站位。另外,南沙群岛在盛行季风作用下,有其自身的环流特点。东北季风期间,其西部有一个海盆尺度的气旋式环流,东南部则有一个反气旋环流,西南季风期间,南沙群岛上层环流被一个水平尺度约为400km的反气旋环流所控制(苏纪兰,2005),也即存在上升流,因此,该海区的硅藻含量最高。

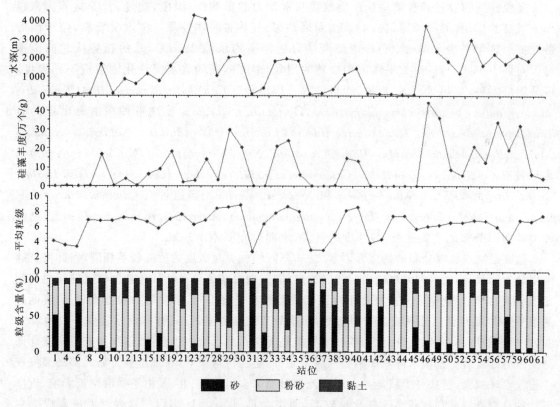

图5-4 南海表层硅藻丰度与水深和粒度的关系

三、沉积速率的影响

沉积速率也是影响硅藻数量和种类多寡的一种因素(刘师成等,1984)。如南海4 000m以深的中央盆地堆积深海黏土,与大洋红黏土相似,但其沉积速率在3cm/ka左右,比大洋红黏土高出一个数量级(汪品先,1995)。Jousé et al.(1971)等研究指出,太平洋海底表层沉积物中的硅藻丰度值最低的海区也达4 000 000壳,高的可达几亿壳,而本区的丰度值最高仅为445 313壳,相差上百倍,就其数量而言是相当贫乏的,造成这种差异,除水动力和气候条件外,本区沉积速率远比太平洋高也是重要的因素。

以往研究表明从南海不同区域沉积速率来看,南部最快,南沙地区最慢,深海盆地接近平均值;从不同水深区域来看,在1 550~2 050m区间沉积速率较快,而在浅于1 000m和深于3 800m水深区域则沉积速率变小(朱照宇等,2002),相对应南海硅藻丰度在南沙和海盆区丰度也表现出高值,在南部陆架表现出低值。在浅于1 000m的水深区域沉积速率小,主要是因为水动力较强,使得沉积物减少,因此尽管沉积速率小,但是像硅藻这种细粒物质易被海流搬运而难以沉积下来。

四、水文气候条件的影响

沉积硅藻的数量和种类除受地质地貌和水动力的影响外,温度、盐度、营养盐等因素也起着重要的作用(刘师成等,1984)。南海属热带、亚热带海洋性质。据水文资料,位于南海最北部海区年平均水温22.6℃,南海南端海区年平均水温28.5℃,总的趋势从北向南递增。对照Jousé(1971)对太平洋沉积硅藻的划分,南海硅藻随着水温变化因适应不同温度,可分为广温种、亚热带种、热带种、赤道种等。广温种有 Coscinodiscus curvatulus, Coscinodiscus marginatus, Thalassiothrix longisssima, Cyclotella stylorum。亚热带种在南海出现的有 Thalassiosira decipiens, Thalassiosira lineata, Coscinodiscus radiatus, Thalassionema nitzschioides, Pseudoeunotia doliolus, Roperia tesselata, Nitzschia bicapitata, Nitzschia interrupta。热带种有 Coscinodiscus crenulatus, Coscinodiscus nodulifer, Hemidiscus cuneiformis, Thalassiosira oestrupii, Rhizosolenia bergonii 和 Nitzschia marine。赤道种有 Coscinodiscus africanus, Asteromphalus imbricatus, Triceratium cinnamoneum, Asterolampra marylandica 等,这些种类是南海分布的主要种类,与纬度的气温、水温分布基本上一致。

盐度是决定硅藻分布的最重要因素之一,不同的种类对盐度的适应各不相同,据此可把硅藻划分为淡水、半咸水和海水硅藻(王开发,1985)。南海硅藻分布特征与盐度梯度的变化有明显的一致性,南海表层海水盐度在沿岸区和外海区有显著不同,沿岸区一般盐度较低,具明显的季节变化,沿岸区以外水域,终年盐度较高,季节变化幅度较小。沿岸区海水盐度一般为30~33,外海区盐度在34以上,因此一些淡水种类是无法在此水域中生存的,本次调查只是在北部陆架浅海区发现个别淡水硅藻如羽纹藻属未定种、粗糙桥弯藻等,在加里曼丹岛北部岛架发现少量淡水环纹藻,这些种类只能是入海河流携带而来。组合Ⅰ、Ⅱ、Ⅴ由于受沿岸流影响,近岸低盐种具槽直链藻和柱状小环藻含量较高,而组合Ⅲ、Ⅳ深海区则以广盐性浮游硅藻成为主要属种。

营养盐是海洋中浮游植物繁殖发育的重要物质。海水硅藻的数量变化,完全取决于有无营养盐类。在冷水区,水温低,脱氮细菌的活动受到抑制,营养盐类易于聚积,因此两极海区硅藻特别丰富(小泉格著,王开发、郭蓄民译,1984)。在南海,表层海水中硅酸盐含量的平面分布趋势是自河口区向外海逐渐降低,垂直分布却是自表层向深海逐渐增高(韩舞鹰等,1998)。而沉积物中硅藻的含量则是自近岸向外海逐渐增加,并随水深的加深而增加,这表明沉积物中,硅藻的含量与硅酸盐的关系在平面上呈负相关,在垂直方向上呈正相关。主要原因首先是由于硅藻和其他浮游生物对营养盐的消耗作用;其次是硅藻等浮游生物死亡后在沉降过程中有机体的分解结果,随着水深的增加,分解增多、吸收减少,引起硅酸盐含量累积,而沉积的硅藻个体也相应增加。

综上所述,南海沉积物中硅藻数量和种类分布主要受海底地质地貌条件、沉积速率、海流、温度、盐度等影响,且硅藻的分布往往是这些因素综合作用的结果。需要注意的是,在考虑控制沉积硅藻分布的环境因素时,还必须考虑到硅藻死后其壳体在下沉过程中所经受的溶解作用、搬运作用及下沉到海底后所经历的各种地质作用。

第八节 典型硅藻种类及其环境意义

1. 结节圆筛藻等热性种的环境意义

结节圆筛藻是本区沉积物中硅藻百分含量最高的种类,分布范围最广,出现于所有站位中,各站中的含量一般在10%以上,结节圆筛藻主要分布在南海深海区,深度大,温度、盐度都很高的海区。

关于该种的研究较多,该种最早时被记录为近海底栖性种,分布广,有时出现于浮游生物中,在中国记录于东海近岸(金德祥,1965;Petit,1880;Gee,1926),但据Jousé研究,该种是热带太平洋表层沉积硅藻的主要种类,在研究东赤道太平洋的表层沉积硅藻时发现自赤道向两侧硅藻的个体逐渐减小,他进一步分析了柱状沉积物中 *Coscinodiscus nodurifer* 大小个体比值并与该地区 $\delta^{18}O$ 曲线完全吻合,从而据此划分了地层,蓝东兆等利用南海北部 KL37 孔 *Coscinodiscus. nodurifer* $<60\mu m/>60\mu m$ 值曲线与 $\delta^{18}O$ 曲线变化结果也较吻合,并据此初步确定地质年代。另外,包括该种在内的一些热带远洋性种在冲绳海槽海域还被有效地用来指示末次冰期以来的黑潮流游移历史(蓝东兆等,2002、2003)。

结节圆筛藻等几种热性硅藻在南海分布如图 5-5 所示,几种热性硅藻在海南岛东南含量较高,可能与黑潮暖流的影响有关,因为黑潮是影响南海环流的一个重要因素,它通过吕宋海峡向南海传输大洋信息,主要影响南海北部(苏纪兰,2005)。另外,几种热性硅藻在南沙群岛相对较高,可能受苏禄海高盐水侵入有关。热性硅藻在南海南端海域含量相对较高,可以解释为在夏季西南季风盛行时,南面热带的爪哇海或印度洋海水经卡里马塔海峡、加斯帕海峡和马六甲海峡穿过巽他大陆架进入南海,造成南海南部海域表层沉积物中热性硅藻的含量增高。以上分析可以认为 *Coscinodiscus africana*, *Coscinodiscus nodulifer*, *Hemidiscus cuneiformis* 和 *Nitzshia marina* 等暖水硅藻可以作为黑潮暖流入侵南海强度的指示种。

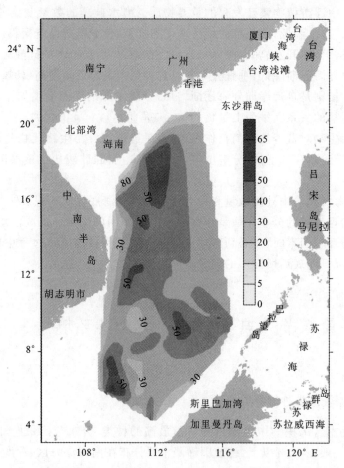

图 5-5 南海(示意)表层沉积物主要热性硅藻种类百分含量分布

2. 柱状小环藻等沿岸种的环境意义

柱状小环藻在我国 4 个海区都能大量见到,它主要分布在滨岸—潮间带区,含量高达 30% 以上,最多可达 80% 左右。自岸向海数量逐渐减少,在水深超过 30m 的海区,数量明显减少,一般少于 15%。但是,在一些大河河口如长江口、珠江口等,它们的分布深度可更大(蒋辉,1987)。本次调查柱状小环藻等几种沿岸种在南海分布如图 5-6 所示,几种沿岸硅藻在海南岛南部和南海西部含量较高,巽他陆架的某些海域含量也较高,南沙海盆分布较低。由于东亚大陆上珠江、红河、湄公河等大量淡水河流注入南海,以及东海沿岸流经台湾海峡进入南海北部海域,在季风作用下,形成了季节性的沿岸流,强烈的沿岸流使海水盐度降低,且流经区域水深相对较浅,对南海北部、西部沿岸海区硅藻的生长发育及种群分布有重要影响,使得上述沿岸种硅藻在这些区域较为丰富。南海南部海域除了在夏季西南季风作用下,受到印度洋、爪哇海暖水影响外,在冬季东北季风作用下,逆时针环流盛行时期,也受到沿岸流的强烈影响,故其表层沉积硅藻中沿岸种百分含量也较高。因而 *Cyclotella stylorum*、*Cyclotella striata*、*Melosira sulcata*、*Diploneis bombus*、*Diploneis crabro*、*Trachyneis antillarum* 等则可看作判断沿岸流对南海水体影响强度的指示种。

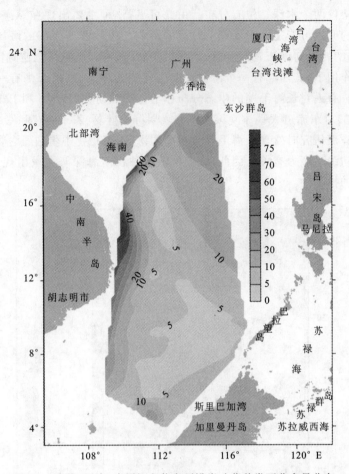

图 5-6 南海(示意)表层沉积物主要沿岸硅藻种类百分含量分布

另外,在本研究中,发现在半深海某些区域,表层沉积物中也存在有大量的具槽直链藻,如 21 号站(12°08.29′N,110°35.74′E,水深 2 300m)和 28 号站(09°10.41′N,109°20.70′E,水深 1 071m)含量较高,分别占到 8.4% 和 11%,这里温、盐、深等条件和具槽直链藻生活所需环境相差甚远。前人的研究表明,具槽直链藻是我国表层沉积物中分布最为广泛的种类之一,从岸线到浅海,随着深度增大,具槽直链藻数量逐渐增多;而从浅海到深海区或海槽,其含量就逐渐减少;在水深 50~100m 最适合其生长。因此,该种是典型的浅海种类(蒋辉,1987)。同样,国外学者也持相同观点,认为其生活习性主要是浮游也可底栖生活,最适合的水深在 50~500m 之间(Schrader,1973)。这些区域离岸较近,同时是季风作用容易产生上升流的区域,因此分析该现象的出现可能是受到沿岸水的入侵,或者是受到浊流沉积搬运或季风作用的影响。

3. 长海毛藻的环境意义

本种是大洋浮游性种类,分布很广,为常见的世界种。长海毛藻在南海的分布情况如图 5-7 所示,该种高值区主要分布在南沙海区,南沙所有站位均有分布,含量从 0.7%~11.8% 不等。在西沙也较常见,含量为 0.6%~11.2%,但在北部陆架区未见到。西北陆架区仅个别站位出现。巽他陆架仅两个水深站位有分布。由此可见,该种主要出现在深海。长海毛藻在这些海域含量较高的原因可能是由于受到上升流的影响。西沙群岛南部的海域,在冬季季风的作用下,形成较强的西南向漂流,流至测区西部后受岛屿阻挡,形成一个逆时针方向环流,南沙群岛在盛行季风作用下,其西部有一个海盆尺度的气旋式环流,东南部则有一个反气旋环流,也即存在上升流。有人对长海毛藻的生态分布作了详细的研究,Kemp和Baldauf(1993)以及Kemp et al.(1995)对东赤道太平洋晚第三纪和表层沉积硅藻、Zielinski和Gersonde(1997)对大西洋表层沉积硅藻研究时发现长海毛藻含量高的海区,沉积物中蛋白石含量相应也高,从而说明该种和高的初级生产力有关。因此,我们推断该种在南海深海大量出现也可以作为本海区高初级生产力的指示种。

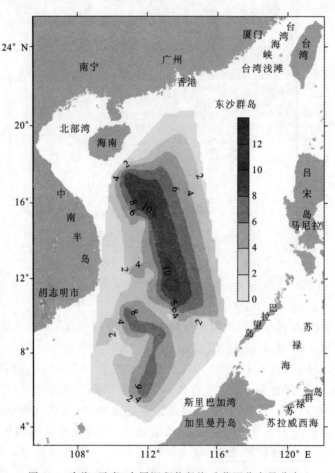

图 5-7 南海(示意)表层沉积物长海毛藻百分含量分布

第六章 柱状沉积物记录的古海洋环境演化

海底保存的沉积物是从事古海洋、古环境研究的物质基础。不同时期的沉积物按时间的先后顺序在海底沉积并保存下来,同时也就把不同时期周围区域的海洋环境演化信息记录了下来;当我们从海底获得一段沉积物岩芯时,就获得了一定地质历史时期内的海洋环境记录。洋底的沉积物往往由于沉积速率低,而且受较强溶解作用的影响,反映古海洋环境变化记录的分辨率也较低;而在边缘海盆地虽然有较高的沉积速率但同时也受到浊流火山活动等因素的干扰。本书选取南海中西部和南部分别采得的3个重力柱状岩芯 SA13-76、SA08-34 和 SA09-90 孔,对该区晚第四纪以来的古环境变化进行研究。其中 SA13-76 孔位于南海西部陆坡(14°49.675 0′N,111°24.091 7′E),水深 2 801m,柱长 676cm;SA08-34 孔位于南海西南部陆坡(8°54.966 0′N,110°59.862 0′E),水深 1 834m,柱长 778cm;SA09-90 孔位于南海南部巽他陆架(4°46.092 3′N,111°32.934 4′E),水深 96m,柱长 518cm。3 个柱状样均为重力取样管取样。

第一节 年代框架

年代地层是海洋沉积物在时间系列上的分布模式,是研究环境演化和全球或者区域性时间对比的基础,研究晚第四纪的古环境演化,精确的时间标尺的建立是最起码的基础性工作。晚更新世以来的地层序列的建立广泛采用的方法包括氧同位素地层学、事件地层学、生物地层学以及 AMS^{14}C 测年等。本书采用的主要年代框架是建立在 ^{14}C 测年和碳酸盐曲线基础上的。

一、^{14}C 测年

SA08-34 孔 ^{14}C 测年结果为(未作年龄校正):162~165cm 段为 10 890±350aBP,460~463cm 段为 21 080±1 000aBP,765~768cm 段为大于或等于 30 000aBP;SA09-90 孔 ^{14}C 测年结果为(未作年龄校正):260~263cm 段为 14 980±250aBP,440~443cm 段为 13 600±180aBP;SA13-76 孔未进行 ^{14}C 测年。

二、碳酸盐地层学

自从发现南海晚第四纪地层的 $CaCO_3$ 含量曲线与 $δ^{18}O$ 曲线大致平行,属于"大西洋型"碳酸盐旋回以来(汪品先等,1986),大量柱状样的分析证明南海碳酸盐溶跃面以上的地层中,Ca-

$CaCO_3$ 百分含量曲线基本与底栖有孔虫氧同位素曲线平行,表现为冰期低、间冰期高的特征,因此 $CaCO_3$ 含量曲线在相当程度上可以替代氧同位素曲线对比地层(汪品先等,1997;Wang P X et al.,1995);而溶跃面以下的海区则呈现"太平洋型"旋回(汪品先等,1998)。已知南海存在3个重要的深度界面:水深约2 000m 的碳酸盐饱和深度,2 900m 的碳酸盐溶跃面和 3 500m 的碳酸盐补偿深度(李粹中,1989)。本次研究的3个柱状样均位于南海碳酸盐溶跃面之上,所以可以利用 $CaCO_3$ 含量曲线来划分对比地层。

图 6-1 为柱状样与南海北部具高分辨的 SO49-37 KL 柱状样(17°49.035 9′N,112°47.093 8′E,水深 2 004m,岩芯长 1 310cm)$CaCO_3$ 含量曲线对比(钱建兴,1999)。从图中可以看出,柱状样与 SO49-37 KL 柱状样的 $CaCO_3$ 含量曲线变化趋势大致相同。因此,通过对比可以推测 SA13-76 柱状样为氧同位素 MIS5 阶段以来的沉积,其中,90cm、175cm、404cm、636cm 处分别为 MIS1、MIS2、MIS3、MIS4 阶段的底界;SA08-34 柱状样为氧同位素 MIS3 阶段(≥30ka)以来的沉积,其中,162cm、545cm 处分别为 MIS1、MIS2 阶段的底界,545cm 以下为 MIS3 阶段;SA09-90 柱状样为氧同位素 MIS2 阶段以来的沉积,305cm 处为 MIS1 阶段的底界,305cm 以下为 MIS2 阶段。

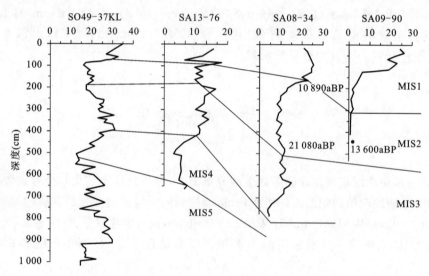

图 6-1 柱状样 $CaCO_3$ 含量变化与地层划分

三、沉积速率

根据划分的氧同位素分期,结合具体的 ^{14}C 测年数据计算了 SA08-34、SA09-90 和 SA13-76 孔氧同位素各期的平均沉积速率(表 6-1),其中 SA09-90 孔的 ^{14}C 测年结果出现倒转异常现象,这主要是因为该孔位于南海巽他陆架,根据以往研究本孔所在位置晚更新世出露成陆,接受陆源沉积,冰消期海平面上升,该区经历着海水反复的冲刷,受到较强的水动力改造,带来了异地更老的物质,造成柱样年龄倒转。根据碳酸盐曲线的变化,该孔年龄控制点选取 440~443cm 段所测数据较为合理。计算结果表明三孔沉积速率差距较大,无论是冰后期还是末次冰期,南海南部沉积速率均大于中西部的 SA13-76 孔。沉积速率的差别,也反映出与水深和地形的关系,SA13-76 孔水深远大于其他两孔。另外 SA13-76 孔远离河口,陆源物质输入相对较少,而 SA09-90 孔水深较浅,离岸近,陆源物质输入丰富,SA08-34 孔离湄公河口较近,也会有丰富的物质输入,这可能是造成三孔沉积速率差别大的主要原因。另外末次冰期时南部陆坡沉积速率高达 29.4cm/ka,其原因可能是南部陆坡在冰期低海面时成陆的巽他陆架有大河(古巽他河)注入,湄公河也直接流入深海区,带来大量的陆源物质(黄维、汪品先,1998)。

表 6-1 柱状样不同氧同位素分期的平均沉积速率

氧同位素分期	SA08-34		SA09-90		SA13-76	
	埋深(cm)	沉积速率(cm/ka)	埋深(cm)	沉积速率(cm/ka)	埋深(cm)	沉积速率(cm/ka)
1	0~162	13.5	0~305	25.42	16~90	7.5
2	162~515	29.4	305~518	/	90~175	7.08
3	515~778	/			175~404	6.54
4					404~636	15.47
5					636~676	/

* 年代数据根据氧同位素地层学时标(Martison et al.,1987)。

第二节 柱状沉积物岩性和粒度分布特征及环境意义

海洋沉积物的粒度分析,是海洋沉积研究中的一个基础项目。粒度分析成果不仅是确定海底沉积物类型、编制海底沉积物类型图的基础,同时又是阐明海底沉积物的物质来源、机械分异过程、动力环境及沉积作用不可缺少的资料。现在在古气候、古环境研究中沉积物的粒度特征已成为一个重要的代用指标,如黄土的研究表明,其沉积物粒度值的大小可指示东亚冬、夏季风气候的变化(An Zhisheng et al.,1991;Ding Zhongli et al.,1994;Xiao Jule et al.,1992);深海沉积物研究揭示沉积物各组分含量的高低,可以度量洋流速度大小及其搬运能力(Giancarlo G Bianchi et al.,1999)。此外,沉积物的粒度组分和粒度参数也可以反映水动力及沉积环境的变迁(李绍全等,2002),另外粒度分析也是识别岩芯中是否含有浊流沉积层的有效手段之一。

一、SA08-34 孔

SA08-34 孔沉积物组成和各粒度参数的剖面变化见图 6-2,该孔岩性非常均一,沉积物主要由黏土和粉砂质黏土组成。整个柱样未见浊流或等深流带来的非正常沉积,沉积条件相对稳定,因此该柱样代表了末次冰期以来南海南部陆坡台阶上正常海洋环境的稳定沉积记录。根据沉积物岩芯剖面和粒度的变化,可将该孔分为两大段,分段统计见表 6-2。

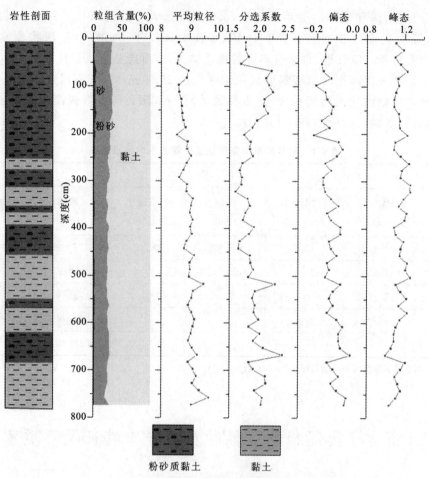

图 6-2 SA08-34 孔沉积物组成及粒度参数变化曲线

表 6-2 **SA08-34 孔沉积物组分和粒度参数分段统计表**

分段	统计值	砂(%)	粉砂(%)	黏土(%)	$M_z(\phi)$	$\sigma_i(\phi)$	$S_{ki}(\phi)$	$K_g(\phi)$
0～450cm	最大值	3.8	30.7	66.5	9.09	2.25	−0.07	1.25
	最小值	0.4	21.4	78	8.53	1.67	−0.21	0.8
	平均值	1.55	26.41	72.04	8.81	1.87	−0.14	1.15
450～778cm	最大值	1.5	27.4	80.7	9.66	2.42	−0.16	1.25
	最小值	0.2	20.4	70.3	8.96	1.82	−0.03	0.99
	平均值	0.85	23.79	75.36	9.11	1.99	−0.11	1.13

0～450cm，该段沉积物岩性主要为青灰、褐灰色粉砂质黏土，下段夹褐灰色黏土。粒度组成基本稳定，无明显变化，主要为粉砂和黏土组分，平均含量分别为 26.41% 和 72.04%，砂的含量极少，平均只有 1.55%，沉积物粒度细小；平均粒径为 8.95ϕ，反映了搬运介质平均动能小；标准偏差为 1.67ϕ～2.25ϕ，分选差；偏态系数为 −0.21～−0.07，均为负偏态；峰态为 0.8～1.25，均为尖锐峰形。

450～778cm，该段沉积物岩性主要为青灰色生物黏土，夹青灰色粉砂质黏土。粒度组成非常稳定,同样主要为粉砂和黏土组分,平均含量分别为 23.79% 和 75.36%,砂的含量极微少,平均只有 0.85%;粒径介于 $8.96\phi \sim 9.66\phi$ 之间,平均值为 9.22ϕ,相比上段沉积物粒度更细;标准偏差为 $1.82\phi \sim 2.42\phi$,分选差—很差;偏态为 $-0.16 \sim -0.03$,均为负偏态;峰态为 $0.99 \sim 1.25$,均表现为尖锐峰形。

该柱样频率曲线和概率累积曲线趋势上下基本一致,图 6-3 为其表现的两种主要形态。频率曲线均为尖锐单峰负偏,表明沉积物的组成比较集中,来源单一;概率曲线一种表现为跳跃—悬浮二段式,而且以悬浮段为主,跳跃组分含量极少,另一种只有悬浮段,表明沉积物主要以悬浮搬运为主,反映水动力条件弱,沉积环境稳定。

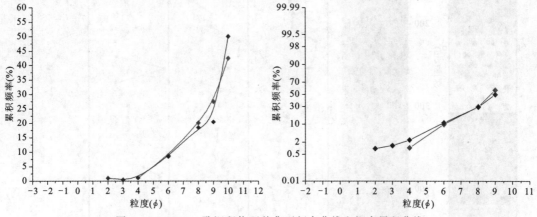

图 6-3　SA08-34 孔沉积物两种典型频率曲线和概率累积曲线

二、SA09-90 孔

SA09-90 孔沉积物组成和各粒度参数的剖面变化见图 6-4。沉积物主要包括粉砂质砂(TS)、砂质粉砂(ST)、砂-粉砂-黏土(STY)、黏土质粉砂(YT)、粉砂质黏土(TY)5 种沉积类型。根据该孔沉积物岩芯剖面及粒度参数的变化状况,可将该孔沉积物分成 3 段,分段统计见表 6-3,各段频率曲线和概率累积曲线见图 6-5。

表 6-3　SA09-90 孔沉积物组分和粒度参数分段统计表

分段	统计值	砂(%)	粉砂(%)	黏土(%)	$M_z(\phi)$	$\sigma_i(\phi)$	$S_{ki}(\phi)$	$K_g(\phi)$
0～60cm	最大值	15	55	39.8	7.62	3.25	0.22	1.03
	最小值	8.3	46.6	36.6	7.25	2.73	0.14	0.96
	平均值	12.23	49.9	37.88	7.4	3.07	0.18	0.99
60～305cm	最大值	65.7	55.7	33.8	6.7	4.08	0.77	2.93
	最小值	27.7	23.9	14.1	4.89	2.25	0.06	0.89
	平均值	36.63	41.11	22.21	5.93	3.2	0.56	1.64
305～518cm	最大值	9.70	65.1	50.3	8.27	3.54	0.62	1.42
	最小值	2.3	46.4	27.2	7.05	2.31	0.04	0.95
	平均值	4.63	53.07	42.43	7.84	2.73	0.25	1.06

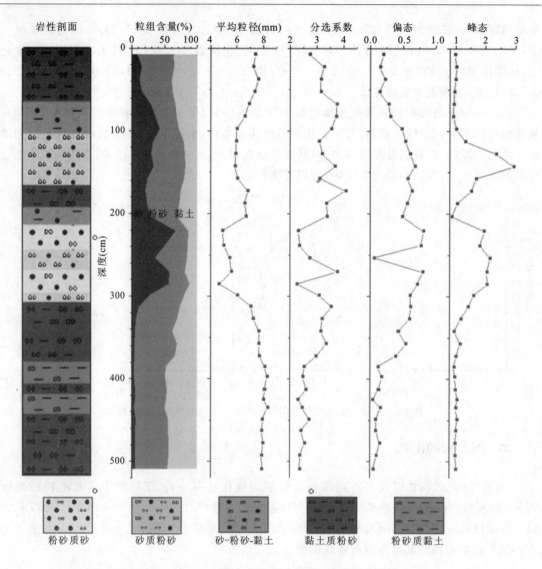

图 6-4 SA09-90孔沉积物组成及粒度参数变化曲线

段 I 位于 0～60cm，该段沉积类型单一，沉积物均由黏土质粉砂组成。黏土和粉砂含量较高，平均值分别为 37.88% 和 49.9%，砂的平均含量较少，平均值为 12.23%；沉积物粒度较小，粒径介于 7.25φ～7.62φ 之间，平均值为 7.4φ，标准偏差为 2.73φ～3.25φ，分选很差，偏态为 0.14～0.22，呈现正偏态，峰态为 0.96～1.03，近于常态分布；该段频率曲线为单峰，也有双峰分布，概率曲线主要表现为跳跃—悬浮—悬浮三段式，总体以悬浮段为主。由于该孔位于南海南部巽他陆架，水深较浅，水动力较强，物质来源较多样化。

段 II 位于 60～305cm，该段沉积物沉积类型多样，包括粉砂质砂(TS)、砂质粉砂(ST)、砂-粉砂-黏土(STY)、黏土质粉砂(YT) 4 种沉积类型。从粒级组成上看，砂质组分含量为 27.7%～65.7%，粉砂含量为 23.9%～55.7%，黏土组分含量为 14.1%～33.8%，含量波动变化较大，显示该段沉积环境变化大；分选系数、偏态和峰态均呈现剧烈变化，频率曲线主要为显著正偏态分布，也有对称分布，单峰型和多峰型特征，主要表现为很尖锐峰形，也有的近于常

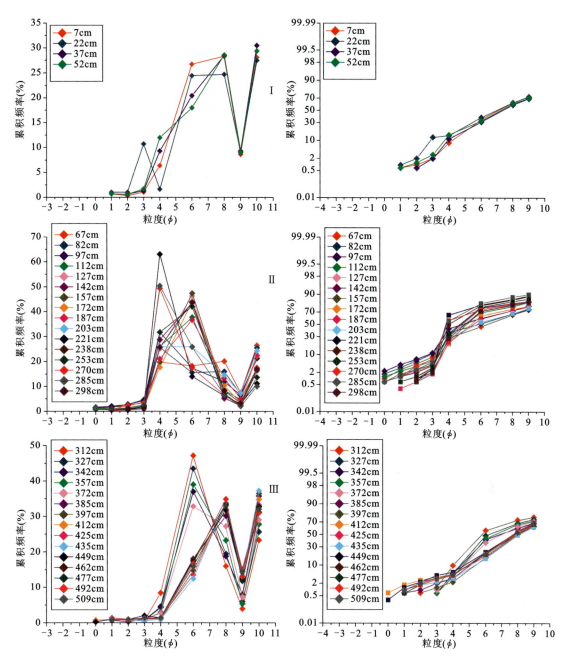

图 6-5　SA09-90 孔沉积物各段频率曲线和概率累积曲线

态;概率累积曲线表现为跳跃—跳跃—悬浮三段式。该段表现为较强的水动力状况,而且波动较大,该段对应冰消期—全新世海侵的过程,水动力较强。

段Ⅲ位于 305~518cm,该段沉积物由黏土质粉砂和粉砂质黏土组成。黏土和粉砂含量较高,平均值分别为 42.43% 和 53.07%,砂的平均含量非常少,平均值仅为 4.63%;该段上部由下到上砂质组分逐渐增加,黏土组分逐渐减少。沉积物粒度较小,粒径介于 7.05ϕ~8.27ϕ 之间,平均值为 7.84ϕ,标准偏差为 2.31ϕ~3.54ϕ,分选很差,偏态为 0.04~0.62,呈现正偏态和近于对称分布,峰态为0.95~1.42,主要为近于常态分布;也有少数为尖锐峰形;相对于上段该段沉积物粒度明显变细,分选系数也变小,反映该段同上段明显不同的沉积环境状况。该段频率曲线和概率累积曲线趋势上下基本一致,频率曲线呈单峰型,概率曲线主要表现为跳跃—悬浮二段式,部分为跳跃—悬浮—悬浮三段式,总体都以悬浮段为主,表明沉积物搬运介质动能相对较小。

三、SA13-76孔

SA13-76孔沉积物组成和各粒度参数的剖面变化见图6-6。沉积物主要包括粉砂质砂(TS)、砂质粉砂(ST)、粉砂(T)、黏土质粉砂(YT)4种沉积类型。根据该孔沉积物岩芯剖面及粒度参数的变化状况,可将该孔沉积物分成4段,分段统计见表6-4,各段频率曲线和概率累积曲线见图6-7。

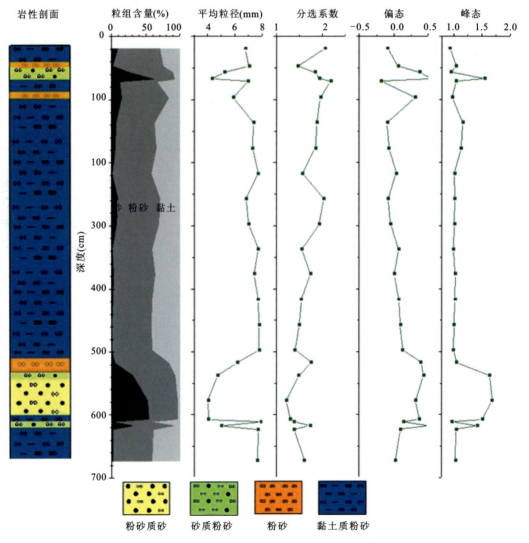

图6-6　SA13-76孔沉积物组成及粒度参数变化曲线

表 6-4　SA13-76 孔沉积物组分和粒度参数分段统计表

分段	统计值	砂(%)	粉砂(%)	黏土(%)	$M_z(\phi)$	$\sigma_i(\phi)$	$S_{ki}(\phi)$	$K_g(\phi)$
16~100cm	最大值	60.8	73.46	35.03	7.02	2.19	0.55	1.55
	最小值	1.29	30.82	8.38	4.36	1.47	−0.18	0.94
	平均值	20.6	58.5	20.91	6.04	1.91	0.17	1.09
100~515cm	最大值	8.94	62.07	42.4	7.76	2.03	0.13	1.16
	最小值	0	57	35.53	6.82	1.4	−0.10	1
	平均值	3.25	58.67	38.07	7.45	1.7	0.01	1.04
515~620cm	最大值	53.99	78.72	45.32	6.15	1.76	0.52	1.64
	最小值	0	41.81	4.21	4.03	1.22	0.14	0.98
	平均值	28.33	56.88	14.78	5.33	1.48	0.37	1.39
620~676cm	最大值	1.48	58.18	41.81	7.7	1.61	0.1	1.05
	最小值	1.22	56.97	40.34	7.66	1.38	0.02	1.04
	平均值	1.35	57.58	41.07	7.68	1.5	0.06	1.05

段 I 位于 16~100cm，该段沉积物从下到上具有两个由粗到细交替的韵律变化，沉积类型多样，主要为砂质粉砂(ST)、粉砂(T)、黏土质粉砂(YT)3 种沉积类型。从粒级组成上看，砂质组分含量为 1.29%~60.8%，粉砂含量为 30.82%~73.46%，黏土组分含量为 8.38%~35.03%，含量波动变化较大，显示该段沉积环境变化大；分选系数、偏态和峰态均呈现剧烈变化，频率曲线呈现正偏态和显著正偏态分布，峰形表现为尖锐和近于常态；概率累积曲线表现为典型的跳跃—悬浮二段式，个别表现为跳跃—悬浮—悬浮三段式。该段表现为较强的水动力状况，两个由粗—细的正递变层理，是浊流沉积的重要构造特征。粒度频率曲线呈双峰态分布，概率累积曲线从底端到上层也表现出典型的浊流沉积特征，可以看出，由底端向上，发育两个浊流沉积层，一层位于 100~70cm 处，另一层位于 70~46cm 处，至顶端转为稳定的沉积环境。该孔位于陆坡-半深海处，海底地形变化大，容易造成海底滑塌，在该层的 56~68cm 处肉眼能见到较多的有孔虫，镜下含量相比上下层段也要高很多，这也反映了由于快速堆积而来不及溶解就被埋藏的沉积特点，进一步证实了该段发育浊流沉积层。在偏光显微镜下也没有发现火山玻璃等代表火山活动的物质，所以可以判断该处发生了浊流沉积。

段 II 位于 100~515cm，该段沉积类型非常单一，沉积物均由黏土质粉砂组成。黏土和粉砂含量较高，平均值分别为 38.07% 和 58.67%，砂的平均含量很少，平均值只有 3.25%；沉积物粒度较小，粒径介于 6.82ϕ~7.76ϕ 之间，平均值为 7.45ϕ，标准偏差为 1.40ϕ~2.03ϕ，分选差，偏态为 −0.1~0.13，基本近于对称，峰态为 1.1~1.16，近于常态分布；该段频率曲线和概率累积曲线趋势上下基本一致，频率曲线均为单峰，表明沉积物来源单一，概率曲线表现为跳跃—悬浮二段式，总体以悬浮段为主，表明沉积物主要以悬浮搬运为主，反映沉积条件相对稳定，水动力条件较弱。

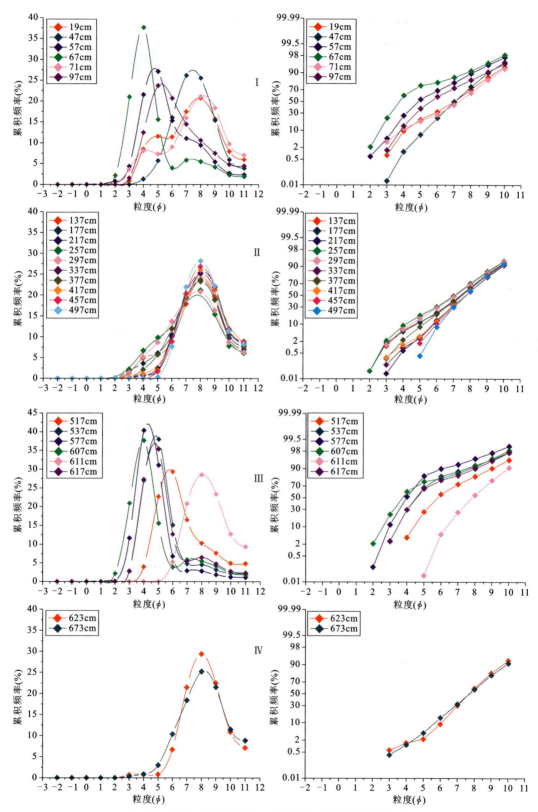

图 6-7 SA13-76 孔沉积物各段频率曲线和概率累积曲线

段Ⅲ位于515～620cm,该段沉积物从下到上与段Ⅰ同样具有两个"粗—细"交替的变化层序,沉积类型多样,包括砂质粉砂、砂质粉砂、粉砂、黏土质粉砂4种沉积类型,其中以粉砂质砂为主。从粒级组成上看,该段砂质组分相对其他段最高,平均值为28.33%,粉砂和黏土组分平均分别为56.88%和14.78%;粒径介于4.03ϕ～6.15ϕ之间,平均值为5.33ϕ;分选系数、偏态和峰态变化均较大,频率曲线呈现正偏态和显著正偏态分布,峰形表现为尖锐和近于常态。概率累积曲线表现为典型的跳跃—悬浮二段式,曲线前段较陡,后段相对平缓,截点为5ϕ,反映较强的水动力条件,同段Ⅰ一样该段也表现较为明显的浊流沉积特征。其中一层位于620～608cm处,另一层位于608～515cm处,该层为较完整的鲍马层序。

段Ⅳ位于620～676cm,该段沉积类型单一,与段Ⅱ类似,沉积物均为黏土质粉砂组成。该段频率曲线表现为单峰,近于对称常态分布;概率曲线表现为跳跃—悬浮二段式,总体以悬浮段为主,表明沉积物搬运介质动能相对较小,反映水动力条件较弱。

第三节 柱状岩芯中的硅藻分布特征及其古环境意义

沉积物中保存的生物群落的变化是海洋古环境恢复的一个重要指标,并且已经广泛地被应用到了全球古海洋环境的研究中,到目前为止,许多学者对南海的古生物群进行过有孔虫(蓟知潘,2001;郑范,2006)、放射虫(陈木宏,1996;王汝建,1999)、钙质超微化石(黄永样,1993)、介形虫(赵泉鸿,1996;Zhou,1999)、孢粉(孙湘君,1999)、硅藻(蓝东兆,1995)等门类的研究,借以探讨南海的古海洋环境变迁。然而在以往对柱样和钻孔样品的研究中,用以开展高分辨率的硅藻生物地层研究主要集中在南海北部,对南海中部和南部柱样沉积硅藻研究非常少见。另外,硅藻的硅质骨骼(或壳体)性质决定其生存条件与钙质类微体古生物存在差异,对生态环境有不同的需求,因而要全面反映古海洋生态环境的特征,必须在完整地揭示各种类群生物结构和组成的基础上才得以实现。对本研究中的3个柱状岩芯SA08-34、SA09-90和SA13-76孔保存的硅藻记录分别进行了统计分析,从而对南海的西、南部的古海洋环境演化进行研究。

一、SA08-34孔

1. 硅藻主要属种

对SA08-34孔按8cm间距取样,部分层段4cm间距采样,共进行了106个样品的硅藻分析。硅藻分析共鉴定出203种和变种、变型,隶属49个属,其中发现2个新种,我国的新记录5种(表4-1)。优势种有透明辐杆藻、结节圆筛藻、辐射圆筛藻、柱状小环藻、具槽直链藻、方格罗氏藻、离心列海链藻、斯摩森海链藻、菱形海线藻9种。常见种有爱氏辐环藻、爱氏辐环藻优美变种、波状辐裥藻、南方星纹藻、扇形星脐藻、布氏马鞍藻、非洲圆筛藻、减小圆筛藻、条纹小环藻、楔形半盘藻、海洋菱形藻、伯戈根管藻、笔尖根管藻、细长列海链藻、对称海链藻、长海毛藻、安蒂粗纹藻17种。

2. 硅藻组合特征

根据该柱样硅藻主要种的分布和含量变化,丰度值大小以及主要热性种、主要暖性种和沿岸广温种的总平均含量的变化,自下而上可将本柱样分为 3 个硅藻带,各带可与氧同位素分期相对应,各带的硅藻组合特征如下(图 6-8)。

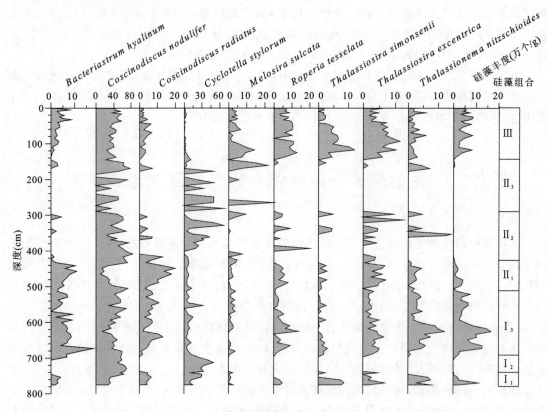

图 6-8　SA08-34 孔主要硅藻种类百分含量及硅藻组合

Ⅰ带:位于 515～778cm 处,为结节圆筛藻-柱状小环藻-透明辐杆藻组合,本带的显著特点是主要硅藻种的含量变化大,硅藻数量贫富悬殊。该柱样硅藻最高丰度值(16.8 万个/g 干样,下同)出现在本带 621～629cm 处。根据主要硅藻种的分布和含量变化及丰度高低,本带自下而上可进一步划分成 3 个亚带。

I_1 亚带 739～778cm,为结节圆筛藻-柱状小环藻-辐射圆筛藻组合,该带主要热性种的平均含量为 44.4%,暖性种为 7.9%,沿岸广温种为 19.9%,与南海现代硅藻组合相比,热水种含量较低,气候应比现代稍凉。

I_2 亚带 699～739cm,本亚带硅藻稀少,仅检出个别结节圆筛藻和柱状小环藻细胞,平均丰度为 93 个/g。本亚带硅藻丰度突然降低至近为零,可能是一次气候突变事件的反映。

I_3 亚带 515～699cm,为结节圆筛藻-柱状小环藻-透明辐杆藻-辐射圆筛藻组合,该组合中 4 种硅藻的平均含量分别为 44.7%、9.1%、6.5%、5.7%。主要热性种的平均含量为 47%,暖性种为 6.4%,沿岸广温种为 12.4%。在本带的 590～600 丰度变化也突然降低,可能也对应一次气候突变事件。

就本层段 3 个亚组合带而言，I_1 和 I_3 亚带反映较为温暖的气候特征，I_2 亚带则反映偏冷的气候特征。

II 带：位于 162～515cm 处，为硅藻贫乏带。根据硅藻数量，主要硅藻种的分布和含量变化，本带可划分成 3 个亚带。

II_1 亚带 415～515cm，为结节圆筛藻-辐射圆筛藻-柱状小环藻组合，该组合中 3 种硅藻的平均含量分别为 40.5%、10.7%、6.6%。此外，透明辐杆藻、离心列海链藻也有一定数量分布。该带主要热性种的平均含量为 42.7%，暖性种为 8.3%，沿岸广温种为 11.9%。

II_2 亚带 293～415cm，为结节圆筛藻-柱状小环藻-方格罗氏藻-离心列海链藻组合，本亚带硅藻数量非常贫乏，种类也特别稀少，平均丰度为 223 个/g。该亚带 4 种硅藻的平均含量分别为 51.9%、21.6%、2.5%、2.3%。

II_3 亚带 162～293cm，为硅藻稀少带。部分层段偶见柱状小环藻、结节圆筛藻、具槽直链藻。

总体来说，该段硅藻平均丰度非常低，显示沉积环境有了明显的变化。II_1 亚带与 I 带相比较主要热性种和暖性种的含量也较低，沉积时期气候比 I 带冷。

III 带：位于 0～162cm 处，为结节圆筛藻-方格罗氏藻-具槽直链藻组合，本组合带硅藻属种丰富，分异度高，最高丰度为 8.7 万个/g，最低丰度为 134 个/g，平均丰度为 4.4 万个/g，组合带中 3 种硅藻的平均含量分别为 42.7%、7.1%、5.2%。本带主要热性种的平均含量为 48.6%，暖性种为 8.1%，沿岸广温种为 8.4%。本组合带属于典型的热带远洋植物群的特点，与现代沉积环境相近。在本带下部 145～155cm 硅藻丰度变得非常稀少，可能对应新仙女木变冷事件。

二、SA13-76 孔

1. 硅藻主要属种

对 SA13-76 孔按 8cm 间距取样，部分变化大的层段 4cm 间距采样，共进行了 97 个样品的硅藻分析。硅藻分析共鉴定出硅藻 182 种和变种，隶属 46 个属，在我国的新记录有 3 种（表 4-1）。优势种有南方星纹藻、透明辐杆藻、结节圆筛藻、柱状小环藻、具槽直链藻、方格罗氏藻、离心列海链藻、菱形海线藻 8 种。常见种有爱氏辐环藻优美变种、波状辐裥藻、扇形星脐藻、布氏马鞍藻、非洲圆筛藻、减小圆筛藻、辐射圆筛藻、条纹小环藻、楔形半盘藻、海洋菱形藻、伯戈根管藻、笔尖根管藻、细长列海链藻、斯摩森海链藻、对称海链藻、长海毛藻、安蒂粗纹藻 17 种。

2. 硅藻组合特征

根据该柱样硅藻主要种的分布和含量变化，丰度值大小以及主要热性种，主要暖性种和沿岸广温种的总平均含量的变化，自下而上可将本柱样分为 6 个硅藻带，基本可与根据碳酸盐划分的氧同位素分期相对应，仅个别界线有一定的差距。其中 I 带对应 MIS5，II 带对应 MIS4，III 带对应 MIS3，IV 带对应 MIS2，V、VI 带对应 MIS1（图 6-9）。

I 带：位于 636～676cm 处，为结节圆筛藻-柱状小环藻-离心列海链藻组合，本组合带硅藻属种较丰富，分异度高，最高丰度为 111 486 个/g，最低丰度为 5 086 个/g，平均丰度为 54 792 个/g，组合带中 3 种硅藻的平均含量分别为 29.3%、16.3%、6.39%。另外具槽直链藻和菱形海线藻的丰度也较高，平均含量分别为 5.51%、5.94%。本带主要热性种的平均含量

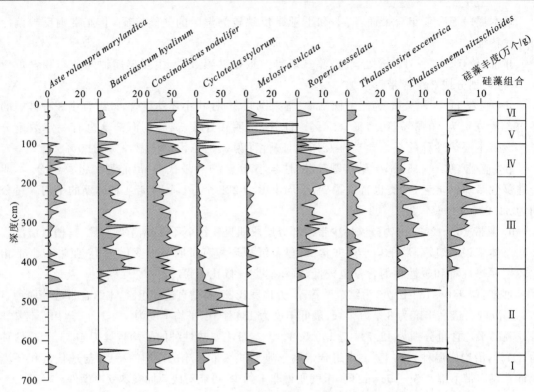

图6-9 SA13-76柱状样主要硅藻种类百分含量及硅藻组合

为34.3%,暖性种为6.9%,沿岸广温种为24.7%,该带与南海现代硅藻组合相比沿岸种含量较高,相应地热性种含量较低,表明沉积时受沿岸流影响较大。

Ⅱ带:位于418～636cm,本带硅藻非常稀少,平均丰度为438个/g,部分层位由于受粒度的影响未检出硅藻,在顶部硅藻丰度变大。

Ⅲ带:位于184～418m处,为结节圆筛藻-透明辐杆藻-柱状小环藻组合,本组合带硅藻属种最为丰富,分异度高,最高丰度为128 479个/g,最低丰度为34 183个/g,平均丰度为46 312个/g,组合带中3种硅藻的平均含量分别为36.8%、9.1%、6.5%,在该带388～390cm处,硅藻丰度表现为很低的值,而该处沉积物与上下相比并无任何变化,可能是代表了一次气候突变事件。本带主要热性种的平均含量为42.4%,暖性种为7.6%,沿岸广温种为13.8%,与现代硅藻组合相比热水种含量较低,沉积时期气候应比现代稍凉。

Ⅳ带:位于100～184cm处,为结节圆筛藻-柱状小环藻-方格罗氏藻组合,本组合带与Ⅲ带相比丰度整体上较低,平均丰度为3 597个/g,组合带中3种硅藻的平均含量分别为45.4%、8.8%、5.8%。本带气候相比Ⅲ带应该发生了较大的变化。

Ⅴ带:位于44～100cm,本带硅藻非常稀少,该段为浊流沉积层,平均丰度仅为406个/g,部分层位未检出硅藻,所以在硅藻百分含量上表现出剧烈的峰形。

Ⅵ带:位于16～100cm处,为结节圆筛藻-具槽直链藻-离心列海链藻组合,平均丰度为32 775个/g,组合带中3种硅藻的平均含量分别为52.9%、7.6%、4.9%。主要热性种的平均含量为57.6%,暖性种为3.8%,沿岸广温种为11.1%,本组合带属于典型的热带远洋植物群的特点,与现代沉积环境相近。

三、SA09-90 孔

SA09-90 孔几乎没有硅藻,仅偶尔见到零星碎片,同时有孔虫和放射虫也非常少见。由于该孔靠近陆地,主要接受的是陆源物质沉积,另外水动力也较强,不利于细粒的生物碎屑沉积。

第四节 沉积地球化学特征及环境意义

海洋沉积物地球化学组成主要可以分为陆源物质和生源物质以及火山物质三大类,陆源物质主要来源于由河流所携带固体颗粒的沉积、海流对沉积物的改造、风携尘埃的沉降等;生源物质主要来自生物生长、死亡等一系列过程,如生物死亡后生物壳体沉积到海底和生物产生的有机质沉降等;而火山物质主要来源于火山喷发物质的沉积。各种物质有不同的来源,具有不同的化学组成。因此研究沉积物质的化学组成,就可以更好地认识古环境的演变。

一、SA08-34 孔

1. 主要元素

自然界中各种铝硅酸盐矿物在风化过程中绝大部分的铝只是转变为新矿物的组分,很少溶解到水溶液之中。被携带至海水中的铝硅酸盐,不会发生很大的变化,而仍以碎屑态存在于碎屑矿物和黏土之中,由于铝从大陆到海洋是一个相对稳定的元素,通常把铝作为陆源成分的指标。钛在海洋中通常被视为一种保守元素,在化学侵蚀过程中,钛从原始材料中释放出来,但在迁移之前就沉淀下来,不会发生化学迁移。K 是典型的亲石元素,在沉积物中其赋存形态主体为硅酸盐态,并视不同海区而略有差异。Na 在海洋沉积物中的赋存形态以碎屑硅酸盐态为主,但非碎屑态可达 40%,说明海底可以沉积和吸附相当一部分海水中的 Na。海洋沉积物中的 Mg 与 Fe 具有地球化学亲和性,一般来说其赋存形态非碎屑态略高于碎屑态。沉积物中铁族元素的赋存形态差别较大,铁以碎屑硅酸盐态占绝对优势,而锰以自生的非硅酸盐态为主,其他铁族元素虽均以硅酸盐态为主,但"活性的"非硅酸盐态均占一定比例。磷在海洋沉积物中的沉积主要是受生物作用控制,通过有机或无机过程,使磷在海底聚集。

SA08-34 柱状沉积物中主要元素含量变化如图 6-10 所示,其变化主要可分为如下几种类型:①SiO_2、Fe_2O_3、K_2O、TiO_2 与 Al_2O_3 5 种成分均具有典型的亲陆性,以近于相似的形态变化,指示了该柱样沉积中的陆源组分的变化,Al 在海洋沉积物中被认为是一种陆源物质的指标(赵一阳、鄢明才,1994),说明柱样自下而上沉积物中陆源物质有下降的趋势,而急促的下降发生在 162~230cm 段。②CaO、P_2O_5 两种组分主要为生物成因,其中 CaO 主要来自钙质生物骨骼和壳体,从 $CaCO_3$ 含量的变化与 CaO 变化的一致性亦表明 CaO 的主要存在形式为 $CaCO_3$,CaO 存在自下而上增加的趋势,急促的上升发生在 162~230cm 段,与代表陆源物质的 Al_2O_3 呈负相关,说明了该柱样沉积中生源物质增加的过程;而 P_2O_5 总体呈现高—低—高的过程,在 MIS1 和 MIS3 含量相对较高,而 MIS2 期含量相对较低。③MgO、Na$_2$O、MnO 这 3 种组分的变化可以归入另一类型,MgO 与 Al$_2$O$_3$ 变化趋势总体较一致,表明该元素大部分来源于陆源碎屑物质;Na$_2$O 一直呈现波动性变化,且变化值不大;而 MnO 则在顶端含量较大,说明表层有富集作用,20cm 以下段 MnO 含量较小并具相对稳定的特征。

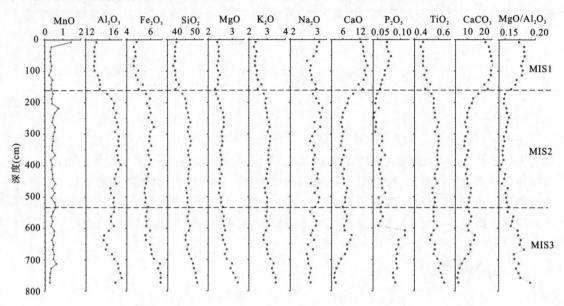

图 6-10　SA08-34 孔主要元素含量(%)垂直变化图

海洋沉积物中 MgO 与 Al$_2$O$_3$ 含量的比值大小主要反映陆源物质输入量的大小,比值越小,陆源物质输入越多,反之则越少(颜文等,2002)。MgO 与 Al$_2$O$_3$ 含量比值变化可以较好地指示源区的气候环境因子变化的特征。SA08-34 柱样 MgO 与 Al$_2$O$_3$ 含量比值变化也指示 MIS2 期相比 MIS1、MIS3 期陆源物质输入多。从 SA08-34 柱样的化学成分变化可以明显地看出沉积物组成上的差异,在柱样 203cm 处,各种陆源指标含量急剧减少,预示着冰盛期的结束进入冰消期,至冰后期各种元素含量变化趋稳定。CaCO$_3$ 和 P$_2$O$_5$ 不同的变化特征,表明了在环境改变的过程中两种生源物质变化的差异,由于碳酸盐受溶解作用的影响强烈,而 P$_2$O$_5$ 受溶解作用影响较少,故两种成分在全柱样的变化亦表明了末次冰期以来生物生产力的变化和碳酸盐溶解作用的差异。从全柱样 CaO 与 P$_2$O$_5$ 变化的形态看,CaO 在柱样 MIS3 期减小可能为碳酸盐溶解作用的结果。

2. 微量元素

微量元素由于存在形式和影响因素的不同,一般可分为陆源和生源两大来源。根据赵一阳和鄢明才(1994)的研究,海洋沉积物中的 Ba 主要以碎屑硅酸盐态存在,一般占 85% 以上,表明海洋沉积物中 Ba 主要是陆源的,生物自生沉积影响不大。但也有研究表明,Ba 与生物成因的 CaCO$_3$ 存在较好的正相关关系(McManus et al.,1999),表明在生物过程中 Ba 参与了活动,从 SA08-34 柱样 Ba 含量的变化与 CaCO$_3$ 含量的变化具有较大的相似性来看,除了 255~285cm 处表现异常,Ba 与 CaCO$_3$ 的变化趋势相同,指示了 Ba 参与了生物活动;Sr 元素的赋存态可以有两种:一种是碎屑态 Sr;另一种是生物质成因 CaCO$_3$ 中大量的伴生 Sr,这种 Sr 的赋存形态在南海钙质生物发育,CaCO₃ 含量较高的海区贡献尤大,可占 80% 以上,该柱样 Sr 的变化与 CaCO₃ 存在很好的正相关关系;Zr 与 Co 表现出与 Al 的正相关关系,表明该两元素主要受控于陆源物质;Pb、Ni、Cu、Zn、Cr 变化趋势较复杂,波动性大,表明这些元素在沉积物中来源多样化,既有陆源物质也有海洋自生源的贡献,这些元素的沉积作用也较复杂,影响因素较多。

从 SA08-34 柱样微量元素分析结果(图 6-11)可以看出,Sr 与 Ba 的变化呈现出冰后期含量高、冰期含量低的现象,与 CaCO₃ 含量变化相似,表明生源的 Sr、Ba 在沉积物该元素的含量中起较大的作用;Zr 与 Co 表现出与 Al 的正相关,两元素的变化均呈现出冰后期含量低、冰期含量高的趋势,说明了冰期陆源物质含量的增加。

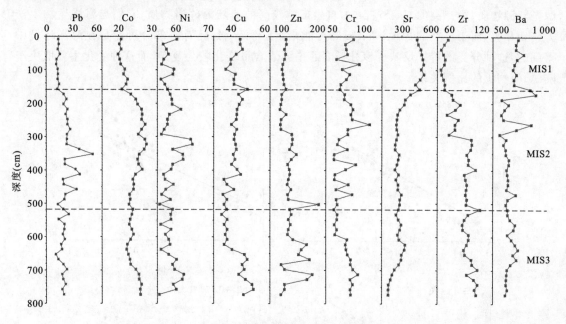

图 6-11 SA08-34 孔微量元素含量(10^{-6})垂直变化图

从 SA08-34 柱样化学组成和微量元素的变化可以看出,SA08-34 柱样沉积物上段生源物质含量较高,而下段陆源物质含量增大,但各种指标在变化中又各有特殊性。总体上可以认为,SA08-34 柱样在 162cm 以上段,沉积物以生源物质为主,表现为 CaCO₃、Sr、Ba 等含量较高;而在 162cm 处发生了明显的沉积环境改变,162cm 以下段,各种陆源指标含量急剧增加,生源物质明显减少;至 203cm 沉积物以陆源物质占绝对主导,碳酸盐矿物含量极低。对比 CaO 及 Sr 等生源物质的变化,可以认为,697cm 以下段,碳酸盐发生了强烈溶解作用。

3. 化学元素之间的相关性分析

根据 SA08-34 柱样元素的沉积曲线变化特征以及与元素 Al 的相关性分析结果(图 6-12),可将所有元素大致分为 3 类。

(1) Al_2O_3 型:SiO_2、K_2O、TiO_2、Fe_2O_3、Co 和 Zr。这些元素的沉积曲线变化与 Al_2O_3 沉积曲线变化趋势基本一致,呈正相关关系。此类型中元素大都为亲碎屑元素,在岩芯 203cm 分层线以下的含量较以上高,这个深度段以下对应着冰盛期强的陆源物质注入时期,导致亲碎屑元素含量升高。在岩芯的 162～203cm 段这些元素含量逐渐减少。此时期对应末次冰消期,海平面上升,大陆架没入水中,注入深海区的陆源碎屑物质减少,从而对 $CaCO_3$ 稀释作用减弱,$CaCO_3$ 出现高含量,其他元素(亲碎屑元素)含量减少。

(2) CaO 型:与 $CaCO_3$ 沉积曲线变化趋势一致,与 Al 元素呈负相关关系。属于这一类的有 Sr 和 Ba,Sr 的地球化学性质与 Ca 十分相似,在海洋沉积过程中表现出生物富集作用。

(3) 其他特殊型:此类主要有 MgO、P_2O_5、Na_2O、MnO、Cu、Pb、Zn、Ni 和 Cr。它们的沉积特征与其他元素又有一些不同之处,这类元素大多变化趋势较复杂,波动性大,在变化中各有特殊性。

上述分类虽然只是从元素的沉积曲线变化角度来划分,但这种分类方法也体现了海洋沉积物中赋存元素的不同来源:第一类基本都是陆源碎屑指数较高的亲碎屑元素,它们的主要来源是陆源物质;第二类的 Ca、Sr、Ba 为自生指数较高的非陆源碎屑物质,它们与海洋生物生产力密切相关;而第三类的 Mn、Na、Cu 等可能来自陆源碎屑,还有一部分可能是在海洋环境中得到的,这种分类的特征反映了该柱样岩芯中元素含量变化较为复杂,而这种变化主要取决于陆源、生物源的比例关系。

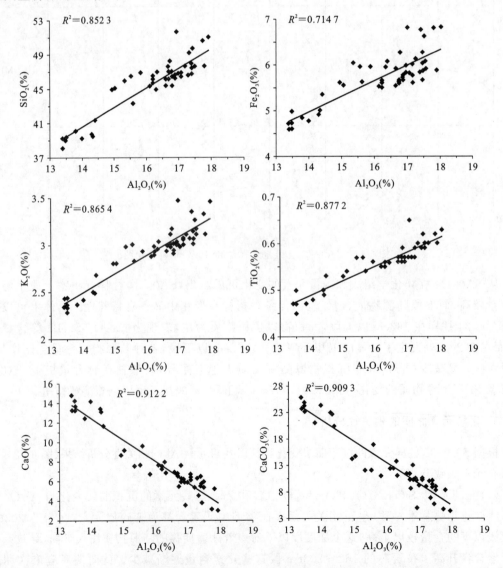

第六章 柱状沉积物记录的古海洋环境演化

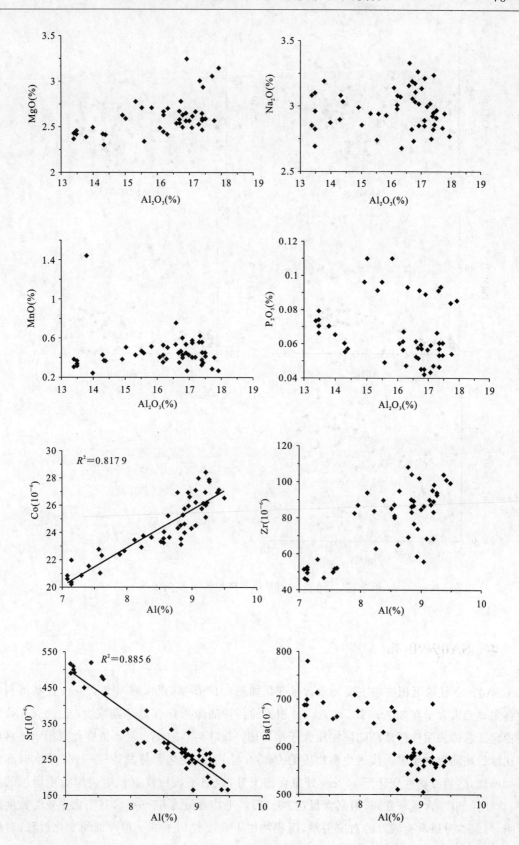

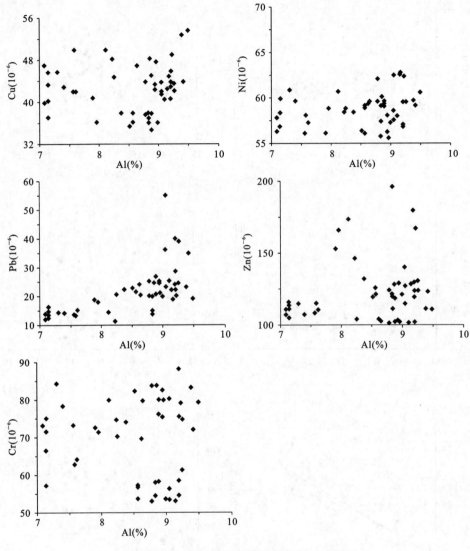

图 6-12 SA08-34 柱状沉积物元素与 Al 的关系

二、SA09-90 孔

SA09-90 柱状沉积物中主要元素含量变化如图 6-13 所示,可以看出 SA09-90 柱状沉积物中各主要元素含量在 397cm 处,与 Al_2O_3 相关的各种陆源指标含量急剧减少,至 305cm 处相对稳定。总体表明柱样冰期陆源物质大于冰后期,MgO 与 Al_2O_3 含量比值变化也指示冰盛期相比冰后期陆源物质多。代表生源物质的 $CaCO_3$ 与 P_2O_5 变化趋势总体较一致,在 305cm 处开始增加,然后波动性变化至 112cm 处急促地上升,说明了该柱样沉积中生源物质增加的过程;该柱样 SiO_2 含量非常高,最高含量达 86.38%,平均含量为 65.94%,其变化主要受粒度的影响,与岩性分层具有较好的对应关系,沉积物由下而上经历了细—粗—细的变化过程,对应

SiO_2 含量也经历了低—高—低的变化。

从 SA09-90 柱样微量元素分析结果(图 6-14)可以看出,Sr 与 $CaCO_3$ 含量的变化趋势一致,呈现出冰后期含量高、冰期含量低的现象,其他元素大致都表现为相反的情况,即冰期含量高、冰后期含量低。

根据 SA09-90 柱样元素的沉积曲线变化特征以及与元素 Al 的相关性分析结果(图 6-15),同样可将所有元素分为 3 种类型。

(1) Al_2O_3 型:Fe_2O_3、K_2O、Na_2O、TiO_2、Co、Ni、Zn、Zr 和 Ba。这些元素的沉积曲线变化与 Al_2O_3 沉积曲线变化趋势基本一致,呈正相关关系。此类型中元素大都为亲碎屑元素,在岩芯的 397cm 分层线以下的含量较以上高,这个深度段以下对应着末次冰盛期,SA09-90 孔水深只有 98cm,在晚更新世南海巽他陆架出水成陆,据前人研究晚更新世南海南部的海平面曾下降约 120cm(Chen,2000),该柱样在这个时期为陆地沉积,所以亲碎屑元素含量高。在岩芯的 397~305cm 段这些元素含量逐渐减少,此时期对应末次冰消期,海平面上升,大陆架没入水中,接受海陆交互沉积,陆源碎屑物质减少。

(2) CaO 型:与 $CaCO_3$ 沉积曲线变化趋势一致,属于这一类的有 P_2O_5 和 Sr。这类元素代表了生源物质的变化,在冰盛期由于该柱样属于陆地沉积,所以生源物质含量极少,在冰消期受到海水入侵,生源物质含量有所增加,但是在海进和海退的过程中,水动力较强,较细的生源物质很难沉积下来,在冰后期 112cm 处才开始快速上升。

(3) 其他特殊型:此类主要有 SiO_2、MgO、MnO、Cu、Pb 和 Cr。这类元素除了 SiO_2 整体上表现出冰期大于冰后期的变化趋势,但在变化中又各有特殊性,微量元素 Cu、Pb 和 Cr 波动性较大。

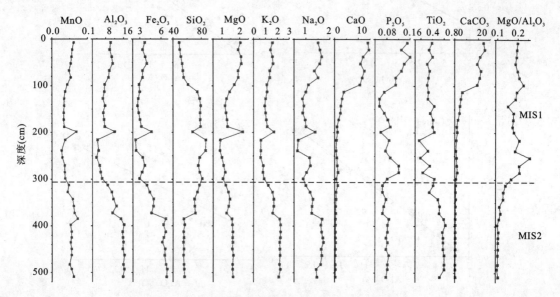

图 6-13 SA09-90 孔主要元素含量(%)垂直变化图

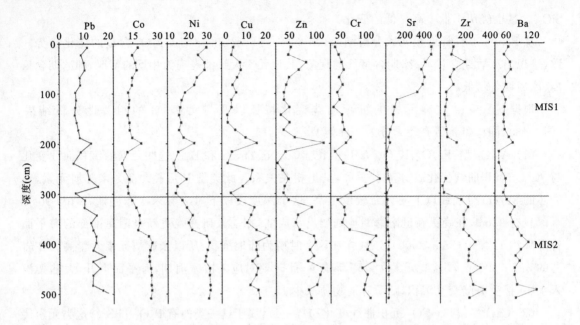

图 6-14 SA09-90 孔微量元素含量(10^{-6})垂直变化图

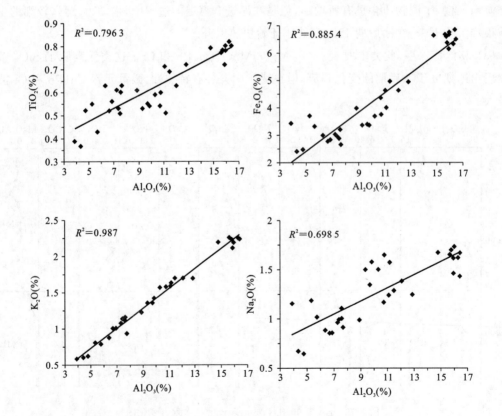

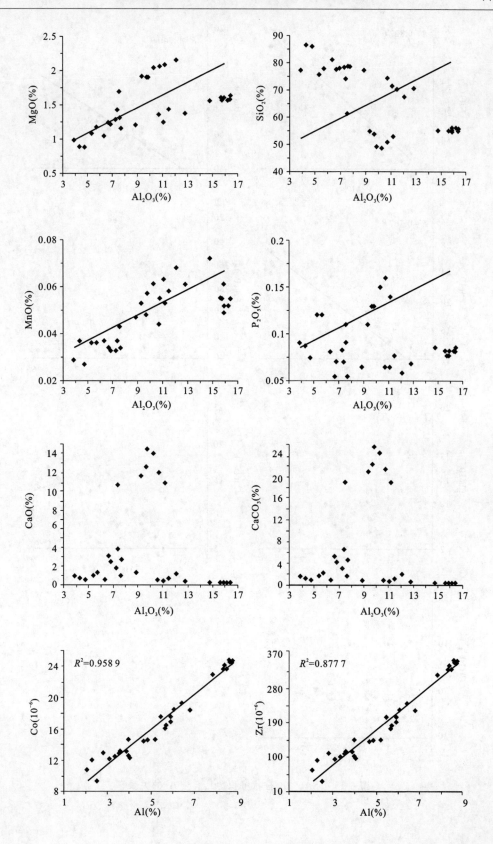

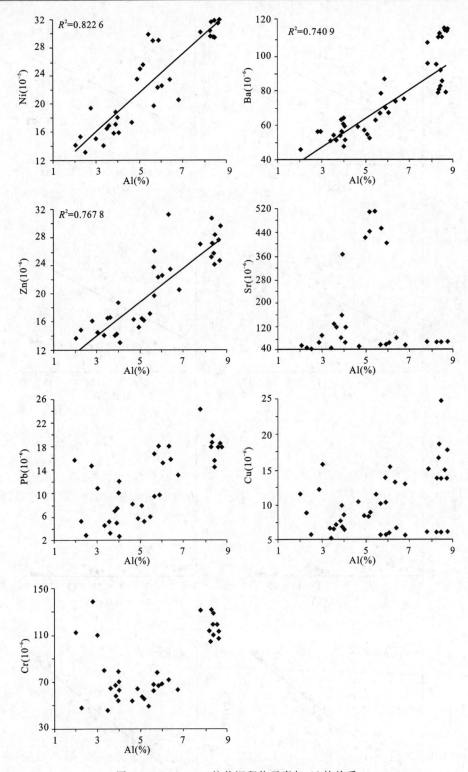

图 6-15　SA09-90 柱状沉积物元素与 Al 的关系

第五节 晚第四纪以来的古生产力演化

海洋表层生产力受许多错综复杂的环境因素所控制,如营养盐供应,光、温度、盐度等环境要素,季风及与其相关的上升流和水团变化等区域因素。在世界许多海洋体系中,营养物质是初级生产力的一个主要限制因素。对南海现代初级生产力调查研究表明,南海的初级生产力存在明显的季节性和区域性。总体上呈现出夏季低、冬季高的趋势(朱根海等,2003;Ning et al.,2004,孙军,2004),尤其是一些大个体的浮游植物,如硅藻,冬季比夏季更为繁盛(朱根海等,2003;Ning et al.,2004)。由于南海地处东亚季风区,冬季的东北季风和夏季的西南季风直接强迫南海的表层海水运动,决定南海海水混合层的结构,已有很多研究显示季风对南海海洋生产力产生重要的影响。Ning等(2004)报道南海浮游植物的季节性分布特征与季风驱动的中尺度现象有很好的耦合关系。南海地处东亚季风区,季风通过改变营养跃层深度改变海水中营养盐的利用程度,从而对生产力产生影响。

一、古生产力的不同记录

1. 地球化学指标

(1) 碳酸盐。海底沉积物中$CaCO_3$含量的变化是一项对气候环境敏感的地球化学指标。控制沉积物中碳酸盐含量的因素较为复杂,主要包括:①陆源物质的供给速率。陆源碎屑物质左右着沉积物中$CaCO_3$的含量变化,在海水表层生产力没有明显变化的情况下,大量陆源物质的输入无疑会稀释沉积物中$CaCO_3$的相对含量,因此碳酸盐含量与陆源物质的供给量成反比。②钙质物质的供给速率即钙质生物生产力,主要包括有孔虫、钙质超微化石以及翼足类的生产率,而这些生源物质的生产力变化显然与气候变化密切相关,总体而言,在CCD(碳酸盐溶解补偿界面)之上,钙质生物生产率高,则向海底输出的钙质物质就越多,相应的沉积物中的碳酸盐相对含量就越高。③碳酸盐溶解作用强度,海水对于碳酸盐的溶解作用对于其下部沉积物中的碳酸盐含量有着决定性的影响,尤其是底层海水对于暴露在沉积物表面的碳酸盐的溶解作用强度,取决于底层水中总溶解CO_2含量的高低,而最终由CO_3^{2-}浓度,也就是$CaCO_3$的饱和度所控制。

在远离大陆的开阔海区,海底沉积物中$CaCO_3$的主要来源是生物活动,而在靠近大陆的边缘海区,陆源物质的直接输入对沉积物的组成有重大影响,其中不可避免地有因风化作用产生的陆源碎屑$CaCO_3$的输入,但一般来说,除了河口三角洲地带,其质量与粗颗粒的生物成因$CaCO_3$相比可以忽略不计。因此,边缘海沉积物中$CaCO_3$的来源主要是生物活动,沉积物中的碳酸钙含量主要受上层水体中钙质生物生产力和溶解作用的控制,受非碳酸盐成分和陆源物质冲淡作用影响较小。

本次研究的3个钻孔水深均位于CCD之上,所以受溶解作用相对影响小。从图6-1可以看出 SA08-901、SA09-90 和 SA13-76 3 个柱样中 $CaCO_3$ 变化趋势较相似,总体来说均表现为冰期为低值,冰消期升高,冰消期后期有所降低,全新世期间又开始升高。SA13-76 孔无论是冰期还是间冰期,$CaCO_3$ 含量均较低,由于该孔水深最接近碳酸盐溶跃面,$CaCO_3$ 溶解作用相对较强,但从 MIS5 到 MIS1 期 $CaCO_3$ 含量也相应表现出高—低—高—低—高的变化规律;该 SA08-34 孔在 MIS3 期与 MIS2 期相比表现出更低的值,可能是受到了较强的溶解作用,通过地球化学元素分析也表明该段为溶解作用的结果;SA09-90 孔在末次冰期为陆地沉积,所测的 $CaCO_3$ 含量主要是存在于陆源碎屑中的,所以极其微少,冰消期—全新世被海水淹没后含量才开始急促上升。这些柱样的 $CaCO_3$ 含量的变化相应地反映了这些研究区域古生产力的演变趋势,表明南海西、南部在间冰期对应较高的生产力,冰期为低的生产力。

(2) 生物钡(Ba_{bio})。近年来很多学者一直在探索更为有效的生产力标志,以自生成因重晶石为主要赋存形式的生物钡是其中一种较理想的标志。一方面由于自生成因重晶石较低的溶解率且在氧化至弱氧化环境下不受早期成岩作用的影响,使得其在地质记录中具有较高的保存率(Dymond,1992),另外,Ba 是一种惰性元素,在海洋中停留时间较长,相对于其他生产力指标来说有很大一部分在早期降解作用中固存下来,并且生源 Ba 通量与有机碳通量有着很好的相关性(田正隆等,2004);另一方面沉积物捕获器获取的资料表明它和表层海洋新生产力即碳的输出通量之间存在着显著的且是可预测的正相关性(陈建芳,2002)。用海洋沉积物中 Ba 作为反演古生产力的指标已成为古海洋研究中的重要方法之一,Ba 很适合作为古生产力的指标(陈建芳,2002)。因此海洋沉积物中生物钡含量作为古输出生产力的指标,已经被用于半深海(Ganeshram,1998;Klump,2001)和深海(Schmitz,1987;Paytan et al.,1996;Bonn et al.,1998;Prakash et al.,2002)的古生产力研究中。

生物钡作为海洋生产力的一个指标,最大的不确定性在于沉积物中陆源钡的输入,在陆源成分丰富的沉积物中生物源的钡不能直接测试出来,只有通过标准化计算来得到。不同区域的陆源物质或大陆地壳都有一个固定的 Ba/Al 重量百分比,在确定了陆源物质的 Ba/Al 比后,可以依据沉积物中 Al 的含量间接计算出生物源钡的含量(Dymond,1992)。生物钡(Ba_{bio})百分含量的标准化计算,依据下列算法(Dymond,1992)进行:

$$Ba_{bio} = Ba_{tot} - Ba_{terr}$$
$$Ba_{terr} = Al_{tot} \times (Ba/Al)_{terr}$$

式中:Ba_{bio} 指沉积物中生物钡的百分含量;Ba_{tot} 指沉积物中总钡的百分含量;Ba_{terr} 指沉积物中陆源钡的百分含量;Al_{tot} 指沉积物中总 Al 的百分含量;$(Ba/Al)_{terr}$ 指陆源物质或地壳中 Ba 与 Al 的重量百分比(Dymond,1992)。本次陆源物质的 Ba/Al 重量百分比采用了长江沉积物的 Ba/Al 比:0.004 1(赵一阳等,1994)。

图 6-16 为 SA08-34 柱样岩芯沉积物生源钡含量变化曲线。S08-34 柱样岩芯生源钡的含量平均值为 278mg/kg,变化范围从 135.3~586.8mg/kg。Dymond(1992)认为,随着沉积物中陆源物质含量的增加,以钡为指标进行古生产力估算的可信度会降低,本柱样岩芯生源钡占总钡的 44.3%,因此适合以钡作为古生产力指标。SA09-90 柱样由于在末次冰期出露呈陆,生源物质含量极少,所以不适合以钡作为古生产力指标。从图 6-18 可以看出 SA08-34 柱样中生物钡含量在 MIS1 期最高,平均值为 406.6mg/kg,MIS2 期最低,平均值为 232.2mg/kg,

MIS3 期略高于 MIS2 期,平均值为 257.9mg/kg,MIS3 至 MIS2 期以来总体呈下降趋势,最高值出现在冰消期,为 586.83mg/kg,之后迅速减小至较稳定变化。总的说来,海洋生产力在间冰期与冰期交替时期会出现转折点,即生产力水平的高低转变;冰期结束进入间冰期(冰后期),生产力水平有了明显的逐渐升高。末次盛冰期结束后进入冰后期,南海冬季风明显减弱,夏季风增强,并于全新世早期约 10kaBP 达到最大(翦知湣等,1999),大量的夏季风降雨导致河流输入的营养物增多,从而使得南海南部的表层古生产力显著提高。

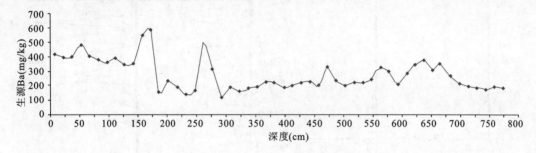

图 6-16　SA08-34 孔的生源钡变化

2. 微体古生物指标

(1) 硅藻。硅藻和放射虫等硅质微体浮游生物是海洋沉积物中微体生物类群的重要组成部分,硅质类微体生物在生长发育、壳体的保存和成岩过程等方面与钙质微体浮游生物有显著的差别,更重要的是硅质微体浮游生物趋向于在高生产力区(如沿岸和赤道上升流区、亚极地海区等)富集(Lisitzin,1972;Schrader & Schuette,1981);相反钙质浮游生物却在大洋环流的中央水体中占优势,而在世界海洋的高生产力区域相对较少(Takahashi,1997)。海洋生产力是受海洋物理因素的影响,特别是在大陆边缘的上升流发育区,上层水体的垂直混合作用调节着营养物质从次表层向上的供应,而营养物质的供应速率主要是由生物生产力控制的,硅藻又是典型的高生产力区域的初级生产者(Hebbeln et al.,2002),因此在这些区域占绝对优势的硅藻可以提供丰富的有关生物生产力的信息。

从图 6-17 两孔的硅藻丰度变化对比来看,SA08-34 和 SA13-76 孔硅藻丰度变化范围均较大,但都分别与氧同位素分期相对应,表现出一定的旋回变化。由图可以看出两孔总体上变化趋势相同,除了 SA13-76 孔存在浊流沉积层,相对应这些层位几乎见不到硅藻而表现异常外,硅藻丰度在 1、3、5 期表现出高值,2、4 期表现出低值。根据表层沉积硅藻研究所提取的生产力判别指标,长海毛藻的相对丰度与硅藻丰度变化趋势较一致,同样表现出这样的旋回特征,指示了在南海西、南部古生产力呈相同的变化趋势,1、3、5 期表层生产力高,2、4 期低。但在氧同位素分期间表层生产力也存在一定的突变,初步推测是由于气候突变而导致的。通过硅藻丰度的突变可以看出在 MIS5 期以来有多次气候突变事件,反映出气候的不稳定性。这两个孔均表现出这样的特征,推测主要是因为这些区域均受东亚夏季风的影响,夏季风在不同时期的强弱变化导致了生产力的变化。

(2) 浮游有孔虫。除了作为初级生产者的藻类以外,以这些藻类为食的海洋浮游动物(如有孔虫等)也是海洋"生物泵"的重要组成部分,它们通过分泌钙质壳体将溶解在水中的

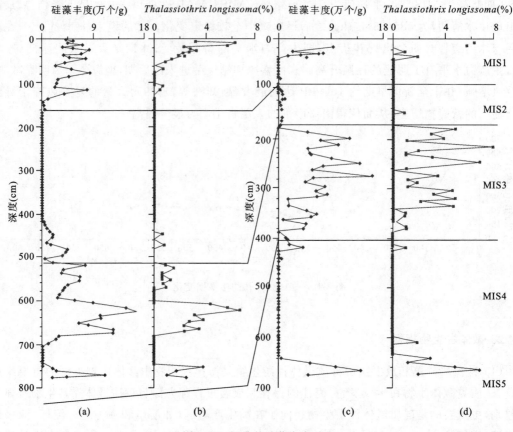

图 6-17 两孔的硅藻丰度对比
(a)、(b). SA08-34 孔；(c)、(d). SA13-76 孔

CO_2 固定,并通过沉降作用将其"泵"入深海,构成全球碳循环的重要环节。研究表明,浮游有孔虫的繁盛直接与表层海水营养盐含量相关,生活在海洋上层水体中的浮游有孔虫是单细胞生物的一个重要类群,在全球海洋环境中有广阔的分布范围,它们在海洋食物链中处于相对较低的初级消费者的位置,同时浮游有孔虫的生产量也是海洋生物量的重要组成部分,所以它们所记录的古生态环境就成为整个海洋微体古生物群生态环境的一个重要组成部分。因此浮游有孔虫的丰度变化也是古生产力的一个比较直观的指标。SA08-34 孔的取样水深处于现代碳酸盐溶跃面之上,所以其有孔虫的丰度变化可以反映该区钙质生物的生产力。根据吴庐山等(2006)对该孔浮游有孔虫的研究,其丰度总体表现为冰期小,冰后期大的变化趋势。冰后期总浮游有孔虫丰度为全柱最高,达 700~4 579 个/g,平均为 2 006 个/g,丰度波动幅度大。冰期总浮游有孔虫丰度明显降低,为 106~2 285 个/g,平均约 780 个/g,变化相对较稳定。基于有孔虫记录反映出来的古生产力变动趋势与基于地球化学指标的变化趋势基本一致,然而 $CaCO_3$ 和有孔虫丰度变化反映的仅仅是钙质生物总的生产力,故依据它们的变化只可以推断古生产力变化的一个方面。

二、SA08-34孔各古生产力指标对比

虽然作为定性或定量的古生产力指标，$CaCO_3$、生物钡、有孔虫和硅藻在沉积物中的含量与表层生物生产力之间的关系并不完全是线性的，在沉降和埋藏过程中伴随的溶解和成岩作用都会改变其原始的生产力信息，但是$CaCO_3$、生物钡、有孔虫和硅藻溶解作用发生的环境条件并不相同，所以它们之间又基本是独立的，同时应用多个指标可以互相补充，从而得到全面而真实的古生产力变化信息。

从图6-18可以看出，MIS3晚期以来，SA08-34柱样中地球化学指标的总体变化趋势较一致，均表现为冰期低，冰消期开始上升，冰后期（全新世）高的特征。这种一致性说明这些指标指示的古生产力演化过程是基本可信的。碳酸盐是海洋沉积物中生物成分的重要组成部分，SA08-34柱样中浮游有孔虫丰度和$CaCO_3$百分含量的变化相当一致，说明该柱样中的$CaCO_3$主要来源于有孔虫的贡献。硅藻丰度表现为MIS1、MIS3期高，MIS2期低的特征，与其他指标变化相比在MIS3期有较大的差异。硅藻和有孔虫、$CaCO_3$在该期显著的差异，可能是因为有孔虫和$CaCO_3$均发生了较强的溶解作用，也可能与影响各个指标变化的主要因素不同有关，比如有孔虫受季风气候影响的程度可能就比硅藻要小。所以综合几个指标可以认为南海南部表层古生产力变化趋势为MIS1、MIS3期高，MIS2期相应较低，碳酸盐溶解作用只是部分地改变了其蕴含的古生产力信息而没有导致整体趋势的变化。

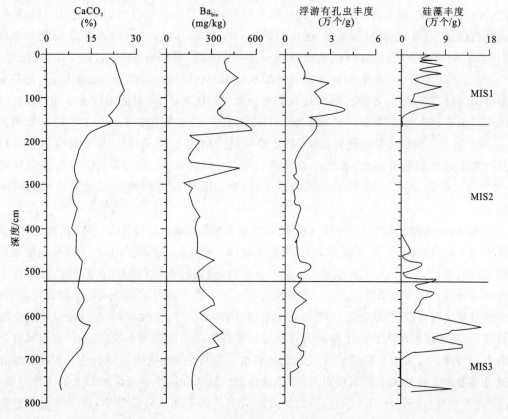

图6-18 SA08-34孔各古生产力指标对比图

第六节 古上升流与古季风演化

南海是贯穿北太平洋和北印度洋的通道之一,终年受到冬、夏季风的影响和控制。一般情况下,冬季风力较强,持续时间大约 5 个月(10 月中旬至翌年 3 月中),夏季风力较弱,持续时间大约 3 个月(6~8 月)(Metzger & Hurlburt,1996)。1993 年 5 月—1996 年 5 月南海中部风速和表层温度的记录显示,冬季的风速大于夏季。较强的冬季风伴随着表层温度的下降,而较弱的夏季风伴随着表层温度的升高。在季节变化上,颗粒通量受季风控制比较明显,高值主要出现在冬季和夏季,而且冬季的颗粒通量和初级生产力要高于夏季的值。颗粒通量和初级生产力均在季风盛行期(冬和夏季风期)同时都相应升高,而在季风间期都相应降低(陈荣华等,2006),说明冬、夏季风是影响和控制南海颗粒通量及初级生产力变化的主要因素。同时,蛋白石通量、颗粒总通量、有机碳通量和初级生产力几乎同步变化。与南海中部生源颗粒通量冬季高于夏季相对应,南海中部冬季的营养盐也比夏季要高,因此,颗粒通量的变化与上层实际观测的水文和营养盐结果基本是一致的(陈建芳,2005)。

尽管南海现代颗粒通量的记录仅仅反映季节性和年际变化,与第四纪冰期旋回中气候和沉积物堆积速率的变化不在一个时间尺度上,但前者可以为后者提供参照和依据。南海北部(SCS-N)站位 1987 年 9 月—1988 年 3 月的上层颗粒通量的结果显示,尽管只有 7 个月的记录,但所有颗粒通量(包括硅藻通量)的高值都出现在 1987 年 11 月—1988 年 2 月的冬季风盛行期间,表明南海北部上层颗粒通量明显受冬季风的控制(Wiesner et al.,1996;陈建芳,2005;郑玉龙等,2001)。南海季风驱动的叶绿素分布和初级生产力的研究也表明:无论是观察还是模拟的结果都显示,冬季北部出现高的叶绿素和初级生产力,而夏季越南岸外的高叶绿素区向东扩张可达南部区(Liu et al.,2002;赵辉等,2005)。南海南部 ODP 1143 站位 2004 年 5 月—2005 年 4 月颗粒通量的研究显示,在夏季风盛行期的 2004 年 8 月和 9 月所有的颗粒通量及初级生产力都显著增加,而在冬季风盛行期的 2004 年 11 月—2005 年 2 月都明显降低(王汝建等,2007),尽管只获得了一年的数据,但足以表明南海南部主要受夏季风的影响和控制。

根据研究,南海的两个上升流区(吕宋岸外 SCS-NE 和越南岸外 SCS-SW)碳酸钙/蛋白石比值要比非上升流区(南海中部 SCS-C)明显要低(陈建芳,2005),表明上升流区可能更有利于硅质生物的生长。由于上升流带来了丰富的营养物,造成硅质生物的大量繁殖和沉积物中的个体丰度增大。在季风活动区,季风是驱动上升流加强的主要因素。季风作用加强时,上升流活动普遍发生或强度加大,硅质生物的丰度也随之增大;反之,季风减弱,则硅质生物的丰度也明显减小,甚至接近消失。由于南海营养跃层比相邻的西菲律宾海要浅,在季风和台风等外力强迫下,上升的中、深层水可以带着营养充足的水一直可以到达表层(Gong et al.,1992)。冬季风可以带来富铁的风尘沉积至南海,夏季风带来的降水和风尘也可为南海上层生物提供 N、Si、Fe 营养物质(Duce et al.,1991)。由此对地层中硅藻丰度的分析结果,可以指示和追溯古上升流、古季风的变化特征和发育历史。

SA08-34 钻孔位于南海南部偏西海区，该处是西南夏季风形成北上的必由之路，必然受到夏季风发育的影响和控制；又由于邻近赤道，海洋生态环境受北方的冬季风影响程度较小。根据 SA08-34 柱状样的硅藻丰度和百分含量变化划分的硅藻带与氧同位素分期相对应（图 6-8）。不同时期的地层中硅藻个体丰度变化十分明显，在 MIS1、MIS3 期地层含有丰富的硅藻类群和较大的个体丰度，MIS2 期硅藻数量非常贫乏。硅藻丰度的氧同位素旋回变化特征指示了该海域古上升流的演化。在夏季风活动区，夏季风是驱动上升流加强的主要因素，由此可以推测该海域夏季风在 MIS1、MIS3 期明显强化，其作用加强时，上升流活动普遍发生或强度加大，由于上升流带来了丰富的营养物，造成硅藻的大量繁殖和沉积物中的个体丰度增大。反之，冰盛期，夏季风减弱，冬季风几乎没有触发上升流，上层水体呈现贫营养状态，不利于硅质的生物繁殖和保存，硅藻的丰度也明显减小，甚至接近消失。但是从硅藻丰度的变化也可以看出不论在冰期亦或全新世，南海夏季风均存在不稳定性和旋回性的特征。

SA13-76 孔除了明显的浊流砂层出现异常可以不考虑，硅藻带与氧同位素分期也分别相对应（图 6-9）。在氧同位素 1、3、5 表现出高值，2、4 表现为较低的值。该孔位于现代 SCS-SW 上升流区，硅藻丰度与 SA08-34 孔表现出同样的旋回特征，也指示了该现代上升流区自 MIS5 期以来，1、3、5 期夏季风强化，2、4 期减弱的演化历史，与 SA08-34 孔相互印证了南海西、南部古季风的变化特征和发育历史。

第七节 新仙女木和 Heinrich 事件

新仙女木事件（Younger Dryas）是发生在末次冰消期期间的一次短暂的气候快速变冷事件，该事件发生的年代为 11～10kaBP（^{14}C 年龄）（汪品先，1991）。由于新仙女木事件不能用 Milankoviteh 轨道理论解释，因此受到了古海洋、古气候学家的极大关注。随着资料的积累，在海洋、黄土、湖泊、冰芯、溶洞石笋等记录中都发现了新仙女木事件，并且在全球范围内广泛存在，其全球意义已经逐渐为人们所接受。汪品先（1996）对西太平洋边缘海的 15 个沉积柱状样记录进行了分析，认为新仙女木事件是该区共有的现象。

本次研究的 3 个钻孔也分别记录了新仙女木事件的存在，如图 6-19 所示，在 SA08-34 孔 135～150cm 处，大部分地球化学指标发生了短暂的突变，指示古生产力的指标也有同样的反应，硅藻和浮游有孔虫丰度也在该处附近由冰消期的上升阶段而突然降低，然后进入全新世又再快速上升，根据内插法推算该事件发生的时间正好是 11.1～10kaBP。SA09-90 孔的 195～212cm 处对应该事件，该处 Al_2O_3、TiO_2、$CaCO_3$、Sr、MgO/Al_2O_3 等地球化学指标对该降温事件均有一定的响应，代表生源物质的指标在该处减少，代表陆源物质输入的指标增大。在 SA13-76 孔的 60～80cm 处，$CaCO_3$ 含量也显示出快速的回返现象。由于该处为浊流沉积层，几乎不含有硅藻，因此不能从硅藻的丰度变化进行判别，而且碳酸盐指标分辨率也较低，所以要进一步确认新仙女木事件在该柱样的响应，可能还需要综合分析多个指标来验证。

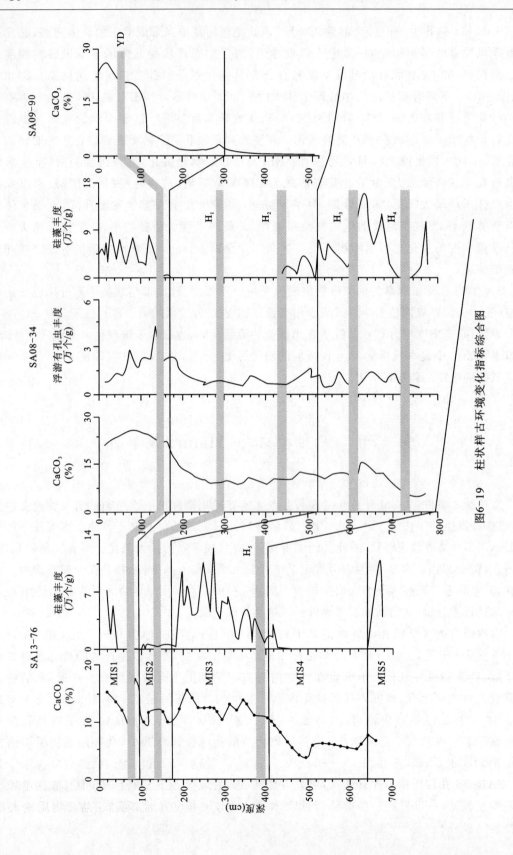

图6-19 柱状样古环境变化指标综合图

Heinrich 事件是被发现在格陵兰冰芯中记录的短尺度快速气候变化事件,本次研究发现这些事件在南海也有一定的响应,其事件发生的时间基本能与这些事件对应。SA08-34 孔硅藻在 699~739cm 段丰度突然减少到几乎为零,浮游有孔虫在 720~735cm 段丰度也降到最低值,并且冷水种的含量增加,暖水种含量减少,在该层段 $CaCO_3$ 含量也表现为非常低的值,表明此时的气候非常寒冷,不利于生物的生长,表层生产力降低,可与 H_4 事件相对应;在 587~595cm 三者同样突然降低较大的幅度,并且硅藻热性种含量减少,有孔虫冷水种含量增加,该层大致可与 H_3 事件相对应;410~424cm 硅藻丰度从较丰富的含量减少到非常低的值,而 $CaCO_3$ 含量和浮游有孔虫丰度在该处变化不大,同时发现在该层段,放射虫与下段层位相比也相应减少,可能是冷事件主要影响到硅质生物的发育和保存,而对钙质生物并没有很大的影响,根据内插法推算,该层段发生时间可与 H_2 事件相对应;在 290~296cm 硅藻丰度减少到零,对浮游有孔虫研究也显示该层冷水种含量增加,该层段可与 H_1 事件相对应。

SA13-76 孔在 MIS3 阶段的 388~392cm 硅藻丰度产生突变,而该层与上下层位岩性相比无任何变化,均为黏土质粉砂,相对应在 $CaCO_3$ 含量上也表现出由升高的趋势而突然降低,根据内插法推算可与 H_5 事件相对应。在 108~112cm 硅藻丰度与上下层相比降到较低的值,而岩性未发生任何变化,可与 H_1 事件相对应。SA13-76 孔由于缺乏测年数据,同时 $CaCO_3$ 含量分辨率较低,而仅通过硅藻这一个指标只能初步判断出两个冷事件,其他事件的确认还需要综合更多的分析指标来进一步讨论。

总之,Heinrich 事件在两孔均有一定的响应,表明千年尺度甚至更小尺度的气候环境事件至少是北半球范围内的,甚至可能通过大气和大西洋环流途径越过赤道影响南半球。冷事件的发生导致海平面下降,相对应陆源物质输入增多,同时南海西、南部夏季风减弱,冬季风增强,表层初级生产力下降,所以推测可能硅藻和浮游有孔虫在冷事件表现为丰度降低,一方面是因为夏季风变弱,没有触发这些海域的上升流现象而导致生产力水平降低,另一方面又受到陆源物质稀释的双重影响。

第八节 南海西、南部晚第四纪以来的古环境演变

本次研究的 3 个钻孔分别位于南海的不同区域,所揭示的沉积时代也相差很大。第 12 届第四纪地质会议建议全新世与晚更新世的界限为 10ka 左右,将新仙女木事件的结束时间作为晚更新世与全新世的时间面。根据 3 个钻孔的硅藻、粒度、^{14}C 测年和元素分析,可以把 SA13-76 柱样 60~636m 段、SA08-34 柱样 135~778cm 段、SA09-90 柱样 195~515cm 段沉积物划分为晚更新统(世)沉积;把 SA13-76 柱样 16~60cm 段、SA08-34 柱样 0~135cm 段沉积物划分为全新统(世)沉积(图 6-20)。

SA13-76 孔位于南海中西部大陆坡-半深海处,为现代 SCS-SW 上升流区,与另外两孔相比,无论是冰后期还是末次冰期,沉积速率均较低,该孔位置远离河口,陆源物质输入相对较少,可能是造成该孔沉积速率低的主要原因,同该孔相离较近的 17954-孔(杨文瑜,

2008)和MD05-2901孔(陈国成,2007)沉积速率相比也较一致。该孔在氧同位素2和5期结束时均发育浊流沉积层,这种现象与Weaver和Kuijpers(1983)得出的结论相吻合,即深海浊流主要发生在氧同位素期过渡时期的海进和海退过程中,也就是海岸线和三角洲重组时期。该孔硅藻组合呈明显的阶段性分布,除了浊流沉积层的影响,推测主要与季风变化有关。在氧同位素1、3、5期夏季风明显强化,类似该海域现代上升流的情况依然存在,硅藻丰度明显增大,在氧同位素2、4期夏季风减弱,冬季风几乎没有触发上升流,硅藻的丰度也明显减小。

  SA08-34孔位于南海西南陆坡处,该孔岩性非常均一,代表了该海域末次冰期以来正常稳定的沉积环境。根据该孔的测年数据,该孔主要为30ka左右以来的晚更新世沉积,从前面几节内容(硅藻、碳酸盐和沉积地球化学等)的分析中可以得出一个同样的结论,那就是自MIS3晚期以来,SA08-34孔所在的南海南部地区古气候和古环境发生了明显的变化。在MIS3期间,发育非常丰富的硅藻生物,推测夏季风触发的上升流活动普遍发生或强度加大,上升流带来了丰富的营养物,造成硅藻的大量繁殖。总体上该期间的古海洋和古气候环境状况应该较为适宜,同时气候也存在不稳定性,有明显的气候突变。到了末次盛冰期(LGM),硅藻丰度变小甚至消失,另外,从图6-10可见,在LGM阶段,即大约203cm以下部分,反映陆源物质输入的指标MgO与Al_2O_3含量的比值相比MIS3期变小,指示海平面降低,与河口的距离缩短,陆源物质输入增强。进入末次冰消期,按照该柱样内插法推算是在13.4kaBP左右,海平面上升,生源物质迅速增加,陆源物质输入减少,硅藻和有孔虫丰度开始增加,至11.1～10kaBP各种指标均有较为明显的回返,指示了南海南部对新仙女木事件的响应。进入冰后期(全新世)硅藻和有孔虫开始大量繁殖,海洋环境保持着较为稳定的状态。

  SA09-90孔位于南海南部巽他陆架,根据该孔的测年数据,该孔为14.5ka左右以来的晚更新世沉积。该孔沉积物含有丰富的植物碎片,特别是在305cm以下段更为丰富,粒度变化也指示305cm以下段沉积环境稳定,该段碳酸钙含量非常低,平均只有0.46%。所有指标均指示305cm以下段为稳定的陆地沉积环境。从图6-13可以看出,代表陆源物质的指标在397cm处开始减少,指示冰盛期的结束进入冰消期,推算时间为13.1kaBP左右,与SA08-34孔的13.4kaBP时间相当,但是生源物质含量在397cm处增加缓慢,推测冰消期13.1～12kaBP海平面上升较缓慢,至该孔位置海水的作用还很微弱,因此仍沉积了较细粒沉积物,在12ka以后海平面才上升较快,该孔位置水动力较强,较细的生源物质又很难沉积下来,至冰后期112cm处才开始快速上升。在该孔的195～212cm处,Al_2O_3、TiO_2、$CaCO_3$、Sr、MgO/Al_2O_3等地球化学指标均发生了突变,粒度也有一定的变化。代表陆源物质输入的指标在该处增大,代表生源物质的指标减少,指示该时期海平面一度又发生较大的下降,推测是该孔对YD事件的响应。

  根据以上分析,初步认为南海南部末次冰盛期大约在13.4～13.1kaBP结束而进入冰消期。综合南海西、南部3个钻孔所揭示的沉积环境演变非常一致,反映南海西、南部的古生产力、古季风、古气候演变趋势相同,初步认为晚第四纪以来南海西、南部气候均主要受东亚夏季风控制。

第六章 柱状沉积物记录的古海洋环境演化

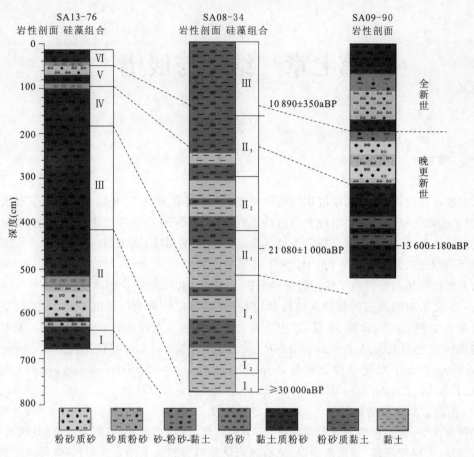

图 6-20 地层年代划分及对比

第七章 结论与展望

一、结论

本书通过对南海 62 个表层沉积硅藻样品的分析、鉴定和研究,并结合粒度及其他相关资料,查明了该海区硅藻的种类组成及分布特点,探讨了硅藻分布与环境因子的关系,重建了南海表层沉积硅藻的分区组合;并根据表层沉积硅藻研究结果,对南海西、南部的 3 个柱状岩芯硅藻、沉积物粒度、地球化学分析、^{14}C 测年结果和已有的研究资料,对晚第四纪以来南海西、南部的古海洋环境演变进行了较为详细的研究。获得了以下的结论和认识:

(1) 本次从南海表层沉积物和南海西、南部晚第四纪的两个柱样沉积物中,共鉴定到硅藻 272 种和变种、变型,隶属 57 属,其中记录 2 个新种和 6 个我国首次记录的种。新种是双角缝舟藻四角变型 *Rhaphoneis amphiceros* f. *tetragona* Sun et Lan 和珠网斑盘藻 *Stictodiscus arachne* Sun et Lan;新记录种分别是 *Asterolampra grevillei*、*Dictyoneis marginata*、*Plagiogramma Papille*、*Rutilaria radiate*、*Triceratium contumax* 和 *Triceratium suboffieiosum*。

(2) 南海表层沉积硅藻种类丰富,共鉴定到硅藻 56 属的 235 个种和变种、变型,种类以热带外洋种为优势,优势种类为非洲圆筛藻、结节圆筛藻、柱状小环藻、楔形半盘藻、具槽直链藻、海洋菱形藻、方格罗氏藻、菱形海线藻、离心列海链藻以及长海毛藻。其中,热性种结节圆筛藻在南海分布最广,是主要的优势种类。沉积物样品中绝大多数含有丰富的硅藻,仅有少数粒度较粗的样品含量较少,其分布存在着较大的差异性,丰度最低的只有 72 个/g,最高的达 445 313 个/g,总体上,硅藻丰度变化呈现从陆架向陆坡至海盆递增的趋势。

(3) 根据表层沉积硅藻中具有指示意义的硅藻种的分布和生态变化,划分了 6 个硅藻组合带,分别代表不同的海洋环境,为恢复古环境提供了科学依据。南海表层沉积硅藻的分布主要受到海洋环流的影响,表现在黑潮暖流、印度洋暖水的入侵以及沿岸流对南海表层沉积硅藻分布的影响。其中,*Coscinodiscus africana*、*Coscinodiscus nodulifer*、*Hemidiscus cuneiformis*、*Nitzshia marina* 等热性硅藻可作为黑潮暖流入侵南海强度的指示种。而 *Cyclotella stylorum*、*Cyclotella striata*、*Melosira sulcata*、*Diploneis bombus*、*Diploneis crabro*、*Trachyneis antillarum* 等则可看做判断沿岸流对南海水体影响强度的指示种。沿岸种具槽直链藻在半深海一些区域的大量出现,可能是受到沿岸水的入侵,也或者是受到浊流沉积搬运的影响。长海毛藻在深海沉积物中大量出现可以作为高、初级生产力的指示种。

(4) 海底地形地貌、水动力、沉积速率、温、盐等条件是影响沉积硅藻分布的主要因素,硅藻的分布往往是这些因素综合作用的结果。在南海一定的水深范围内,随着水深的增加,由岸向海,沉积物粒度的变细,沉积硅藻的数量也增加;相同条件下,硅藻丰度与沉积速率呈一定的负相关关系;随着水温变化因适应不同温度,硅藻的种类分布有明显差异。硅藻分布特征与盐度梯度的变化有明显的一致性,北部陆架浅海区和西北陆架区以近岸半咸水种具槽直链藻柱状小环藻为主,南沙海域盐度相对稳定,广盐性浮游硅藻种类成为深海带主要属种;硅藻的丰度与硅酸盐的关系在平面上是负相关,在垂直方向上是正相关。

(5) 对南海西、南部的两个柱状样 SA13-76 和 SA08-34 沉积硅藻研究表明,两孔的硅藻均呈阶段性分布,与氧同位素分期有较好的对应。根据表层沉积硅藻研究结果可以认为历史时期的沉积硅藻组合能较好地反映古气候演变。根据表层沉积硅藻研究结果可以认为在上升流作用的高生产力区,历史时期的沉积硅藻相比钙质生物能更好地反映古季风演变。

(6) 综合分析地球化学指标和微体古生物指标认为南海西、南部的古生产力演化趋势在氧同位素 1、3、5 期表现为高的特征,2、4 期表现为相对较低的特征。对 SA08-34 孔各古生产力指标对比研究认为,硅藻和有孔虫、$CaCO_3$ 在 MIS3 期有显著的差异,可能是因为有孔虫和 $CaCO_3$ 均发生了较强的溶解作用。也可能与影响各个指标变化的主要因素不同有关,比如有孔虫受季风气候影响的程度可能比硅藻要小。古生产力演化过程的主要控制因素推测主要受季风的影响。

(7) 南海西、南部海区明显存在冰期时夏季风弱,全新世夏期风强的特点。季风是驱动上升流加强的主要因素。季风作用加强时,上升流活动普遍发生或强度加大,硅质生物的丰度也随之增大;反之,季风减弱,则硅质生物的丰度也明显减小,甚至接近消失。不论在冰期亦或全新世,南海夏季风均存在不稳定性和旋回性的特征。

(8) 本次研究的 3 个柱状样中记录的一些气候突变事件,初步认为可能与首先在北半球高纬地区发现的 YD 事件及 H 事件($H_1 \sim H_5$)分别有关。如果这些事件被证实相关的话,则可能说明,虽然热带气候的变化主要受低纬过程的控制,但同时也会受到高纬区的影响。

(9) 综合南海西、南部 3 个钻孔所揭示的沉积环境演变非常一致,根据现有资料推算南海南部末次冰盛期在 13.4~13.1 kaBP 结束而进入冰消期。3 个钻孔反映的南海西、南部的古生产力、古季风、古气候演变趋势大致相同,初步认为晚第四纪以来南海西、南部气候均主要受东亚夏季风控制。本次研究的 3 个钻孔可以相互印证南海晚第四纪以来的古气候、古环境演化历史。

二、本研究的创新点

本项研究的主要创新点在于:

(1) 以往对南海硅藻的专题研究,由于受各种客观条件的限制,相对于广阔的南海海域,研究区域主要集中在南海北部陆架、陆坡和海盆,中部和南部海域研究的较少,主要报道的内容是现生硅藻的种类组成和分类学研究;沉积硅藻的种类分布及其与环境的关系;对于南海硅藻生态的研究较薄弱,特别是上升流及其相关环境因素的生态与沉积特征等许多重要信息尚未被详细分析与揭示,本书主要通过对南海较大范围的沉积硅藻的分析,查明了该海区硅藻的种类组成及分布特点,探讨了硅藻分布与环境因子的关系,重建了南海表层沉积硅藻的分区组合,在和前人对南海及邻近海域硅藻研究的对比中,进一步加深了对南海硅藻生态和环境关系的认识。因此,本项研究为南海沉积硅藻研究数据库添加了新的内容。

(2) 记录 2 个新种和 6 个中国首次记录种,丰富了我国硅藻的种类名录。

(3) 讨论了几种典型硅藻的环境意义,提出了长海毛藻在南海深海沉积物中大量出现可以作为高初级生产力的指示种。

(4) 本项研究综合了沉积学、年代学、微体古生物学和地球化学等古环境、古气候指标,在学术思路、研究精度和深度上有所突破。

三、存在的问题及工作展望

本书旨在通过对南海海底表层沉积硅藻的研究,分析硅藻在沉积物中保存的主导环境因素及代表的环境意义,提取解释环境的判别指标。运用"将今论古"的原则,根据柱样沉积物硅藻的分布规律,结合沉积物粒度和地球化学分析,结合 ^{14}C 测年结果来讨论南海的沉积环境及其演变过程。但是,由于我们的研究海域之大,海洋条件之复杂,影响海洋硅藻动态变化的环境因素众多,给本研究带来诸多不便,也限于对样品分析项目和时间的不足,以下是笔者认为在写作过程中存在的问题及需要继续开展的工作:

(1) 表层样品对南海覆盖的区域不够全面,所以不能很完整地了解南海硅藻与生态环境和沉积条件的关系。硅藻溶解和在沉积物中的保存情况主要采用显微镜观测标本的完整性和丰度值及进行优势种类的比较,并没有结合环境因子的测定,未来工作需要结合海水物理化学参数和沉积物化学元素资料,进一步阐明沉积硅藻保存的主导因素。

(2) 本书只是定性地研究了硅藻和海洋环境之间的关系,分析了黑潮暖流、印度洋暖水的入侵以及沿岸流对南海表层沉积硅藻分布的影响。但是没有定量地去分析,如果结合环境因子的数据,采用一些统计方法,研究这些种类适应具体的温、盐条件可能会使研究更深入,更准确地建立硅藻解释环境的判别指标。

(3) 在本次研究中,由于各种客观的原因,SA13-76 柱状沉积物样品未进行测年,也没有进行地球化学元素分析,如果有这方面的数据可以与 SA08-34 进一步对比,能更好地反映南海西、南部古季风演变的规律。另外 SA08-34 和 SA09-90 两个钻孔年龄控制点也较少,所以这无疑也给本次研究精度带来了一定的不确定性。因此,在今后的工作中也急需获取尽可能多的年龄数据以建立更高精度的年代标尺。

本书的研究内容是国家自然科学基金项目"南海硅藻典型生态特征及其记录的古环境"的主要内容,本项研究对在南海应用硅藻来探索环境变化的研究有一定的参考和贡献价值,但是仍有大量的工作等待着我国学者去继续探索。

主要参考文献

陈国成,郑洪波,李建如,等.南海西部陆源沉积粒度组成的控制动力及其反映的东亚季风演化[J].科学通报,2007,52(23):2 768-2 776.

陈建芳,郑连福,Wiesner W G,等.基于沉积物捕获器的南海表层初级生产力及输出生产力估算[J].科学通报,1998,43(6):639-642.

陈建芳,郑连福,陈荣华.南海颗粒物质的通量、组成及其与沉积物积累率的关系初探[J].沉积学报,1998,16(3):14-19.

陈建芳.古海洋学研究中的地球化学新指标[J].地球科学进展,2002,17(3):402-409.

陈建芳.南海沉降颗粒物的生物地球化学过程及其在古环境研究中的意义[D].上海:同济大学学位论文,2005.

陈木宏,王汝建,韩建修,等.南海南部晚中新世的放射虫及其环境探讨[J].热带海洋学报,2002,21(2):66-74.

陈木宏,郑范,陆钧.南海南部陆坡区沉积物粒级指标的物源特征及古生态意义[J].科学通报,2005,50(7):684-690.

陈木宏,谭智源.南海中、北部晚沉积物中的贫射虫[M].北京:科学出版社,1996.

陈荣华,汪东军,徐建,等.南海东北部表层沉积中钙质和硅质微体化石与沉积环境[J].海洋地质与第四纪地质,2003,23(4):15-21.

陈荣华,郑玉龙,Wiesner M G,等.1993—1996年南海中部海洋沉降颗粒通量的季节和年际变化[J].海洋学报,2006,28(3):72-80.

陈史坚,陈特固,徐锡桢,等.浩瀚的南海[M].北京:科学出版社,1985.

程兆第,高亚辉,刘师成.福建沿岸微型硅藻[M].北京:海洋出版社,1993.

郭玉洁,钱树本.中国海藻志(第五卷硅藻门)[M].北京:科学出版社,2003.

国家海洋局.GB/T 13909—92 海洋调查规范:海洋地质地球物理调查[S].北京:中国标准出版社,1992.

国家海洋局.浮游生物[R]//南海中部海域环境资源综合调查报告.北京:海洋出版社,1988:162-215,223-230.

韩舞鹰,黄西能.调查海区的海水化学,南海海区综合调查研究报告(二)[R].北京:科学出版社,1985.

韩舞鹰,吴林兴,黄西能,等.南海中部海水化学要素的研究,南海海区综合调查研究报告(一)[R].北京:科学出版社,1982.

胡鸿钧,李尧英,魏印心,等.中国淡水藻类[M].上海:上海科学技术出版社,1980.

黄成彦,刘师成,程兆第,等.中国湖相化石硅藻图集[M].北京:海洋出版社,1998.

黄良民,陈清潮.南沙群岛海区冬季叶绿素a分布及初级生产力估算[M]//中国科学院南沙综合科学考察队.南沙群岛海区生态过程研究(一).北京:科学出版社,1997:1-11.

黄维,汪品先.末次冰期以来南海深水区的沉积速率[J].中国科学(D辑),1998,20(1):13-17.

黄永样.南海北部海盆晚第四纪钙质超微化石及其古海洋学初步研究[J].海洋地质与第四纪地质,1993,13(3):75-84.

黄元辉,蒋辉.南海北部15kaBP以来表层海水温度变化:来自海洋硅藻的记录[J].海洋地质与第四纪地质,2007,27(5):65-74.

黄元辉,蓝东兆. 南海东北部末次冰期以来的沉积环境演变[J]. 海洋地质与第四纪地质,2005,25(4):9-14.

翦知湣,汪品先,赵泉鸿,等. 南海北部上新世晚期东亚冬季风增强的同位素和有孔虫证据[J]. 第四纪研究,2001,21(5):461-468.

翦知湣. 从稳定同位素与微体化石看南海南部末次冰消期古海洋变化之阶段性[J]. 中国科学(D辑),1998b,28(2):118-124.

翦知湣. 南海冰期深部水性质的稳定同位素证据[J]. 中国科学(D辑),1998a,28(3):250-256.

翦知湣,王律江,Kienast M. 南海晚第四纪表层古生产力与东亚季风变迁[J]. 第四纪研究,1999(1):32-40.

蒋辉,吕厚远,支崇远,等. 硅藻分析与第四纪定量古地理和古气候研究[J]. 第四纪研究,2002,22(3):113-122.

蒋辉. 我国某些常见化石硅藻的环境分析[J]. 植物学报,1987,29(4):440-448..

蒋辉. 中国近海表层沉积硅藻[J]. 海洋学报,1987,9(6):735-743.

金秉福,林振宏. 海洋沉积环境和物源的元素地球化学记录释读[J]. 海洋科学进展,2003,21(1):99-106.

金德祥,陈金环,黄凯歌. 中国海洋浮游硅藻类[M]. 上海:上海科学技术出版社,1965.

金德祥,程兆第,林均民,等. 中国海洋底栖硅藻类(上卷)[M]. 北京:海洋出版社,1982.

金德祥,程兆第,林均民. 东海表层沉积硅藻[J]. 海洋学报,1980,2(1):97-108.

金德祥,程兆第,刘师成,等. 中国海洋底栖硅藻类(下卷)[M]. 北京:海洋出版社,1991.

蓝东兆,陈承惠,陈峰. 九龙江口岩芯中的硅藻特征及其地质意义[J]. 台湾海峡,1999,18(3):283-290.

蓝东兆,陈承惠,李超. 冲绳海槽末次冰期以来的黑潮流游移在沉积硅藻中的记录[J]. 古生物学报,2003,2(3):466-472.

蓝东兆,陈承惠. 太平洋美拉尼西亚海盆L1007柱样硅藻生物地层学的初步研究[J]. 海洋通报,1986,5(1):47-50.

蓝东兆,陈承惠. 晚玉木冰期台湾海峡的沉积环境[J]. 海洋学报,1998,20(4):83-90.

蓝东兆,程兆第,刘师成. 南海晚第四纪沉积硅藻[M]. 北京:海洋出版社,1995.

蓝东兆,方琦,廖连招. 冲绳海槽表层沉积硅藻对黑潮流的响应[J]. 台湾海峡,2002,21(1):1-5.

蓝东兆,许江,陈承惠. 冲绳海槽晚第四纪沉积硅藻及其海洋学意义[J]. 台湾海峡,2000,19(4):419-425.

蓝东兆,张维林,陈承惠,等. 晚更新世以来台湾海峡西部的海侵及海平面变化[J]. 海洋学报,1993,15(4):77-84.

蓝东兆. 台湾海峡西部海域表层沉积物中的硅藻和硅鞭毛藻的分布[J]. 台湾海峡,1989,8(4):322-328.

雷坤,杨作升,郭志刚. 东海陆架北部泥质区悬浮体的絮凝沉积作用[J]. 海洋与湖沼,2001,32(3):288-295.

李超,蓝东兆,方琦. 东海陆架晚第四纪沉积硅藻及其古海洋学意义[J]. 台湾海峡,2002,21(3):351-359.

李粹中. 南海深水碳酸盐沉积作用[J]. 沉积学报,1989(7):35-43.

李家英. 冲绳海槽第四纪硅藻及其意义,东海陆架新生代古生物群——微体古植物分册[M]. 北京:地质出版社,1989.

李家英. 南海北部陆坡OPD1144站位第四纪硅藻及其古环境演变[J]. 地质论评,2002,48(5):542-551.

李绍全,李双林,陈正新,等. 东海外陆架EA01孔末次冰期最盛期的三角洲沉积[J]. 海洋地质与第四纪地质,2002(3):19-27.

李扬. 中国近海海域微型硅藻的生态学特征和分类学研究[D]. 厦门:厦门大学学位论文,2006.

刘长建,杜岩,张庆荣,等.南海次表层和中层水团平均和季节变化特征[J].海洋与湖沼,2008,39(1):55-64.

刘师成,高亚辉,程兆第.福建沿岸(冬季)微型硅藻研究[J].海洋学报,1994,16(5):80-84.

刘师成,金德祥,蓝东兆.南黄海及东海近岸海域表层沉积硅藻[J].海洋学报,1984,5(S):927-946.

刘以宣.南海新构造与地壳稳定性[M].北京:科学出版社,1994.

陆钧,陈木宏,陈忠.南海南部现代水体与表层沉积硅藻的分布特征[J].科学通报,2006,51(SⅡ):66-70.

陆钧.南海深海表层沉积硅藻的分布[J].海洋地质与第四纪地质,2001,21(2):27-30.

陆钧.南海深海表层沉积中的硅藻组合及其环境特征[J].热带海洋,1999,18(1):16-22.

吕厚远,蒋辉,郑玉龙.对应分析在海洋沉积环境解释中的应用[J].海洋通报,1991,10(1):39-44.

毛树珍,谢以萱.南海中部及北部海底地形特征,南海海区综合调查研究报告(一)[R].北京:科学出版社,1982,25-38.

齐雨藻,李家英.中国淡水藻志[第十卷:硅藻门,羽纹纲(无壳缝目,拟壳缝目)][M].北京:科学出版社,2004.

齐雨藻,钱锋,陈菊芳.中国沿海赤潮[M].北京:科学出版社,2003b.

齐雨藻,张玉兰,张子安,等.从化石硅藻分析东江三角洲的沉积相[J].热带地理,1981(3):45-50.

齐雨藻,郑磊,徐宁,等.中国沿海赤潮[M].北京:科学出版社,2003.

钱建兴.晚第四纪以来南海古海洋学研究[M].北京:科学出版社,1999.

冉莉华,蒋辉.南海某些表层沉积硅藻的分布及其古环境意义[J].微体古生物学报,2005,22(1):97-106.

容志明.南海冬季表层海流特征及分析[J].海洋预报,1994,11(2):47-51.

沈国英,施并章.海洋生态学(第二版)[M].北京:科学出版社,2002.

苏纪兰,许建平,蔡树群.南海的环流和涡旋[M]//丁一汇,李崇银.南海季风暴发和演变及其与海洋的相互作用.北京:气象出版社,1999.

苏纪兰,袁业立.中国近海水文[M].北京:海洋出版社,2005.

孙军,宋书群,乐凤凤,等.2004年冬季南海北部浮游植物[J].海洋学报,2007,29:132-145..

孙湘君,李逊,罗运利.南海北部深海花粉记录的环境演变[J].第四纪研究,1999(1):18-26.

孙有斌,高抒,李军.边缘海陆源物质中对环境敏感的粒度组分的初步分析[J].科学通报,2003,48(1):83-86.

田正隆,陈绍勇,龙爱民.以Ba为指标反演海洋古生产力的研究进展[J].热带海洋学报,2004,23(3):78-86.

同济大学海洋地质系.古海洋学概论[M].上海:同济大学出版社,1989.

汪品先,翦知湣,赵泉鸿,等.南海演变与季风历史的深海证据[J].科学通报,2003,48(21):2 228-2 239.

汪品先,卞云华,翦知湣.南沙海区晚第四纪的碳酸盐旋回[J].第四纪研究,1997(4):293-300.

汪品先,李荣凤.末次冰期南海表层环流的数值模拟及其验证[J].科学通报,1995,40(1):51-53.

汪品先,闵秋宝,卞云华,等.十三万年来南海北部陆坡的浮游有孔虫及其古海洋学意义[J].地质学报,1986,60(3):215-225.

汪品先.西太平洋边缘海的冰期碳酸盐旋回[J].海洋地质与第四纪地质,1998,18(1):1-11..

汪品先,等.十五万年来的南海[M].上海:同济大学出版社,1995.

王开发,蒋辉,冯文科.南海北部表层沉积硅藻及其与环境关系探讨[J].热带海洋,1988,7(3):19-25.

王开发,蒋辉,冯文科.南海深海盆地硅藻组合的发现及其地质意义[J].海洋学报,1985,7(5):590-597.

王开发,蒋辉,王永吉.中太平洋北部第四系硅藻[J].黄渤海海洋,1986,4(4):16-22.

王开发,蒋辉,王永吉.中太平洋北部第四系硅藻组合及其地质意义[J].海洋地质与第四纪地质,1985,

5(2):73-82.

王开发,蒋辉,张玉兰,等.黄海表层沉积物中硅藻分布与环境关系探讨[J].海洋与湖沼,1985,16(5):400-407.

王开发,蒋辉,张玉兰.南海及沿岸地区第四纪孢粉、藻类与环境[M].上海:同济大学出版社.1990.

王开发,蒋辉,支崇远,等.东海表层沉积硅藻组合与环境关系研究[J].微体古生物学报,2001b,18(4):379-384.

王开发,陆继军,郑玉龙.福建沿岸晚第四纪孢粉、硅藻组合及其古环境意义[J].微体古生物学报,1995,12(4):388-397.

王开发,孙煜华.东海沉积孢粉藻类组合[M].北京:海洋出版社,1986.

王开发,王永吉.黄海沉积孢粉藻类组合[M].北京:海洋出版社,1987.

王开发,张玉兰,蒋辉.中国东部海域更新世晚期的藻类、孢粉组合与环境变迁[J].中国科学(B辑),1987(8):874-882.

王开发,郑玉龙,支崇远.东海南部陆缘(莆泉段)全新世沉积硅藻[J].古生物学报,2001,4(2):273-279.

王开发,支崇远,陶明华.东海陆缘(浙南段)晚第四纪硅藻的发现及古环境分析[J].微体古生物学报,2003b,20(4):350-357.

王开发,支崇远,陶明华.厦门附近潮滩表层沉积剖面硅藻组合研究[J].海洋通报,2003a,22(5):15-19.

王开发,支崇远,郑玉龙.东海陆缘(闽北段)晚第四纪沉积的硅藻学研究[J].沉积学报,2002,20(1):135-143.

王开发.渤海沉积孢粉藻类组合与古环境[M].北京:地质出版社,1993.

王律江,Samthein M.南海北部陆坡近四万年的高分辨率古海洋学记录[J].第四纪研究,1999(1):28-31.

王律江,卞云华,汪品先.南海北部末次冰消期及快速气候回返事件[J].第四纪研究,1994,1:1-12.

王汝建,Abelmann A.南海更新世的放射虫生物地层学[J].中国科学(D辑),1999,29(2):137-143.

王汝建,翦知湣,肖文申,等.南海第四纪的生源蛋白石记录:与东亚季风、全球冰量和轨道驱动的联系[J].中国科学(D辑):地球科学,2007,37(4):521-533.

王汝建.1993—1995年南海中部的硅质生物通量及其季节性变化:季风气候和El Nino的响应[J].科学通报,2000,45(9):974-978.

吴庐山,朱照宇,邱燕,等.南海西南陆坡末次冰期以来的浮游有孔虫及其古气候意义[J].海洋地质与第四纪地质,2006,26(6):1-8.

颜文,古森昌,陈列忠,等.南海97-37柱样的主元素特征及其潜在的古环境指示作用[J].热带海洋学报,2002,21(2):75-83.

杨清良,陈兴群.中太平洋西部水域浮游植物的分类,西太平洋热带水域浮游生物论文集[C].北京:海洋出版社,1984.

杨守业,李从先.元素地球化学特征的多元统计方法研究[J].矿物岩石,1999,19(3):63-67.

杨文瑜,黄宝琦,肖洁,等.南海西部浮游有孔虫记录的MIS3期表层海洋环境变化[J].第四纪研究,2008,28(3):437-446.

余家桢,张子安.南海中北部沉积硅藻分布特征与环境的关系[J].暨南大学学报,1989,1:60-68.

余家桢.珠江口外表层沉积物中硅藻分布特征[J].热带海洋,1986,5(4):26-34.

詹华平,潘玉球,许建平.1998年4~7月南海环流结构及其演变特点的初步分析[J].东海海洋,1999,17(4):12-18.

詹玉芬.南海中部表层沉积硅藻的初步研究[J].东海海洋,1987,5(12):48-59.

张兰兰,陈木宏,陆钧,等.南海南部上层水体中多孔放射虫的组成与分布特征[J].热带海洋,2005,24(3):55-64.

赵焕庭,陈木宏,余家桢,等.珠江三角洲海进层微体古生物的初步研究[J].热带海洋,1987,6(1):

28-38.

赵辉,齐义泉,王东晓,等.南海叶绿素浓度季节变化及空间分布特征研究[J].海洋学报,2005,27(4):45-52.

赵泉鸿,汪品先.南海第四纪古海洋学研究进展[J].第四纪研究,1999,(6):481-501.

赵泉鸿,郑连福.南海表层沉积中深海介形虫分布[J].海洋学报,1996,18(1):61-72.

赵一阳,那明才.中国浅海沉积地球化学[M].北京:科学出版社,1994.

郑范,李前裕,陈木宏.南海北部1144站中更新世浮游有孔虫的千年尺度古气候记录[J].地球科学——中国地质大学学报,2006,31(6):780-786.

郑玉龙,王汝建,郑连福,等.南海北部1978—1988年颗粒物质和硅藻通量的季节性变化:季风气候和El Nino的响应[J].第四纪研究,2001,21(4):359-365.

郑执中.南海东北部海区沉积生物综合生态与拟生态[M].武汉:湖北科技出版社,1994.

支崇远,王开发,蓝东兆,等.台湾海峡表层沉积硅藻栖性生态类型及其分布[J].同济大学学报(自然科学版),2005,33(7):971-975.

支崇远,王开发,蓝东兆,等.闽南第四纪晚期沉积硅藻组合与古环境研究[J].微体古生物学报,2003,20(3):244-252.

支崇远,王开发,王洪根.运用多种数理统计方法研究东海南部陆缘(闽南段)晚第四纪硅藻与环境的关系[J].海洋地质与第四纪地质,2003,23(3):65-71.

支崇远.硅藻与环境—东海南部陆缘硅藻与古环境[M].北京:科学出版社,2005.

朱根海,宁修仁,蔡昱明,等.南海浮游植物种类组成和丰度分布的研究[J].海洋学报(中文版),2003,25(S2):8-23.

朱蕙忠,陈嘉佑.中国西藏硅藻[M].北京:科学出版社,2000.

朱照宇,邱燕,周厚云,等.南海全球变化研究进展[J].地质力学学报,2002,8(4):315-314.

Admiraal W. The ecology of estuarine sediment inhabiting diatoms[J]. Progress Phycology Research, 1984,3:269-322.

An Zhisheng, Kukla G, Porter S C, et al. Late Quaternary dust flow on the Chinese loess Plateau[J]. Catana,1991,18:125-132.

Andreason D J, Ravelo A C. Tropical Pacific Ocean thermocline depth reconstruction for the last glacial maximum[J]. Paleoceanography,1997,12(3):395-413.

Barker P, Williamson D, Gibert E. Climatic and volcanic forcing revealed in a 50,000-year diatom record from Lake Massoko[J]. Tanzania. Quaternary Research,2003,60:368-376.

Barnola J M, Raynaud M, et al. Vostok ice core provides 160,000-year record of atmospheric CO_2[J]. Nature,1987,329:408-414.

Berger W H. Planktonic foraminifera: selective solution and the lysocline[J]. Marine Geology,1970,8:111-138.

Berger W H, Smetacek V S, et al. Ocean productivity and paleoproductivity an overview[M]//Berger W H, Smetacek V S, Wefer G. (Eds.), Productivity of the Ocean: Present and Past. Wiley, New York, 1989.

Bonn W J, Gingele F X, Grobe H, et al. Paleoproductivity at the Antarctic continental margin: opal and barium records for the last 400ka[J]. Palaeogeography, Palaeoclimatology, Palaeoecology,1998,139:195-211.

Broecker W S. Ocean chemistry during glacial time[J]. Geochim. Cosmochim. Acta. 1982,46:1 689-1 705.

Buffen A, Leventer A, Rubin A, et al. Diatom assemblages in surface sediments of the northwestern Weddell Sea, Antarctic Peninsula[J]. Marine Micropaleontology,2007,62:7-30.

Burckle L H. Size changes in the marine diatom Coscinodiscus nodulifer A. Schmidt in the equatorial

Pacific[J]. Micropalaeontology,1977,23:216-222.

Chen C P,Gao Y H, Lin P. Four newly recorded species of Bacillariophyta from the mangroves in China [J]. Acta Phytotaxonomica Sinica,2006,44(1):95-99.

Chen Y L. Spatial and seasonal variations of nitrate-based new production and primary production in the South China Sea Deep-Sea Res. Part I[J]. 2005,52:319-340.

Chin T G,Cheng Zhaodi, Liu Junmin, et al. The marine benthic diatoms in China(Vol. 1)[M]. Beijing: China Ocean Press,1985.

Chu S P. Experimental studies on the environmental factors influencing the growth of phytoplankton[J]. Sci. Technol China,1949,2:37-52.

Dansgarrd W,Johnsen S J,Clausen H B, et al. Evidence for general instability of past climate from a 250-ka ice-core record[J]. Nature,1993,364:218-220.

Delmas R J,Ascencio J M, Legrand M. Polar ice evidence that atmospheric CO_2 20 000a BP was 50% of present[J]. Nature,1980,284:155-157.

Ding Zhongli,Yu Zhiwei,Rutter N W, et al. Towards an orbital time scale for Chinese loess deposits[J]. Quaternary Science Reviews,1994,13: 39-70.

Duce R A, Liss P S, Merrill J T, et al. The atmospheric input of trace species to the world ocean[J]. Global Biogeochem Cycle,1991,191(5):193-259.

Dymond J,Suess E,Lyle M. Barium in deep-sea sediment: a geochemical proxy for paleoproductivity[J]. Paleoceanography,1992,7(2):163-181.

Emiliani C. Pleistocene temperatures[J]. J. Geol. ,1955,63:538-578.

Flower R J. Diatom preservation:experiments and observations on dissolution and breakage in modern and fossil material[J]. Hydrobiologia,1993,269/270:473-484.

Ganeshram R S. Glacial-interglacial variability in upwelling and bioproductivity off NW Mexico: Implications for Quaternary paleoclimate[J]. Paleoceanography,1998,13(6):634-645.

Giancarlo G Bianchi, Nicholas McCave I. Holocene periodicity in North Atlantic climate and deep-ocean flow south of Iceland[J]. Nature,1999,397: 515-517.

Gong G C,Liu K K, Liu C T. Chemical hydrography of the South China Sea and a comparison with the West Philippine seas[J]. TAO(Taiwan),1992,3:587-602.

Grootes P M,Stuiver M, White J W C, et al. Comparison of oxygen isotope records from the GISP2 and GRIP Greenland ice cores[J]. Nature,1993,366:552-554.

Hajos M, Stradner H. Late Cretaceous Archaeomonadaceae, Diatomaceae and Silicoflagellatae from the South Pacific Ocean. Deep Sea Drilling Project Leg 29, site 275[J]. Initial Reports of the Deep Sea Drilling Project. 1975,29:913-1 109.

Hargranves P E, French F W. Diatom resting spores: significance and strategies[M]// Fryxell G A. Survival strategies of the algae. New York:Cambridge University Press,1983.

Hebbeln D, Marchant M,Wefer G. Paleoproductivity in the southern Peru-Chile Current through the last 33 000a[J]. Marine Geology,2002,186:487-504.

Hermelin J O R,Scott D B. Recent benthic foraminifera from the central North Atlantic[J]. Micropaleontology, 1985,31(3): 199-220.

Huntsman M P,Ringrose S,Mackay A W, et al. Use of the geochemical and biological sedimentary record in establishing palaeoenvironments and climate change in the Lake Ngami basin, NW Botswana[J]. Quaternary International,2006,148:51-64.

Hustedt F. Die Kieselalgen Deutschlands, Österreichs und der Schweiz[J]. Koeltz Scientific Books,

Koenigstein,1930,1:920.

Hutson W H. The Agulhas Current during the Late Pleistocene: Analysis of modern faunal analogs[J]. Science,1980,207:64-66.

Jian Zhimin, Li Baohua, Huang Baoqi, et al. Globorotalia truncatulinoides as indicator of upper ocean thermal structure during the Quaternary: evidence from the South China Sea and Okinawa Trough[J]. Palaeogeogr Palaeoclimatol. Palaeoecol. ,2000,162: 287-298.

Jiao N Z, Gao Y H. Ecological Studies on Nanoplanktonic Diatoms in Jiaozhou Bay, Chian[M]// Ecological Studies of Jiaozhou Bay, A Serial book of Ecosystem Studies in China, Dong J H, Jiao N Z. (ed.), Beijing:Science Publication Co. ,1995.

Johnson T C. The dissolution of siliceous microfossils in surface sediments of the Eastern Tropical Pacific [J]. Deep Sea Res,1974,21:851-864.

Jousé A P, Kozlova O G, Muhina V V. Distribution of diatoms in the surface layer of sediment from the Pacific Ocean. In: Riedel W R, Funnell B M (Eds.), The Micropaleontology of the Oceans[M]. Cambridge: Cambridge University Press,1971.

Juggins S. Diatoms in the Thames estuary, England: ecology, paleoecology, and salinity transfer function [J]. Bibliotheca Diatomologica,1992,25:1-216.

Kamatani A. Dissolution rates of silica from diatoms decomposingat various temperatures[J]. Marine Biology,1982,68: 91-96.

Karlen W. Highly variable Northern Hemisphere temperatures reconstructed from low and high resolution proxy data[J]. Nature,2005,433:613-617.

Karpuz K N, Jansen E. A high-resolution diatom record of the last deglaciation from the SE Norwegian Sea:Documentation of rapid climatic changes[J]. Paleoceanography,1992,7(4): 499-520.

Kemp A E S, Baldauf J G. Vast Neogene laminated diatom mat deposits from the eastern equatorial Pacific Ocean[J]. Nature,1993,362:141-144.

Kemp A E S, Baldauf J G, Pearce R B. Origins and paleoceanographic significance of laminated diatom ooze from the eastern equatorial Pacific Ocean[J]. Proc. ODP. Sci. Results,1995,138:641-645.

Khursevich G K, Karabanov E B, Prokopenko A A, et al. Biostratigraphic significance of new fossil species of the diatom genera Stephanodiscus and Cyclotella from Upper Cenozoic deposits of Lake Baikal, Siberia[J]. Micropaleontology,2001,47:47-71.

Klump J, Hebbeln D, Wefer G. High concentrations of biogenic barium in Pacific sediments after Termination I-a signal of changes in productivity and deep water chemistry[J]. Marine Geology,2001,177: 1-11.

Koning E, Van Iperen J M, Van Raaphorst, et al. Selective preservation of upwelling-indicating diatoms in sediments off Somalia, NW Indian Ocean[J]. Deep-Sea Research I,2001,48:2 473-2 495.

Kooistra W H C F, Medlin L K. Evolution of the diatoms (Bacillariophyta)Ⅳ. A reconstruction of their age from small subunit RNA coding regions and fossil record[J]. Molecular Phylogenetics and Evolution, 1996,6:391-407.

Kuwae M, Yamashita A, Hayami Y, et al. Sedimentary Records of Multidecadal Scale Variability of Diatom Productivity in the Bungo Channel, Japan, Associated with the Pacific Decadal Oscillation[J]. Journal of Oceanography,2006,62:657-666.

Lan D Z, Chen C H. A Preliminary Study On Diatoms and Silicoflagellates in Cores from CC Zone, NE Pacific[J]. Acta Oceanologica Sinica,2000,4(19):107-116.

Lapointe M. Modern diatom assemblages in surface sediments from the Maritime Estuary and the Gulf of

St. Lawrence, Quebec(Canada)[J]. Marine Micropaleontology, 2000, 40: 43-65.

Lee Y G. The marine diatom genus Chaetoceros Ehrenberg flora and some resting spores of the Neogene Yeonil Group in the Pohang Basin, Korea[J]. Journal of Paleontological Society of Korea, 1993, 9:24-52.

Liu K K, Chao S Y, Shaw P T, et al. Monsoon-forced chlorophyll distribution and primary production in the South China Sea: observations and a numerical study[J]. Deep Sea Res Part I, 2002, 49:1 387-1 412.

Lisitzin A P. Sedimentation in the World Ocean [J]. Society of Economic Paleontologists and Mineralogists, Spec. Pub., 1972, 17:218.

Lopes C, Mix A, Abrantes F. Diatom in northeast Pacific sediments as paleoceanographic proxies[J]. Marine Micropaleontology, 2006, 60:45-65.

M Tu X, Zheng F. Relations between sedimentary sequence and paleoclimatic changes during last 200ka in the southern South China Sea[J]. Chin. Sci. Bull., 2000, 45(14):1 334-1 340.

Mann A. Report on the diatoms of "Albatross" voyages in the Pacific Ocean, 1888—1904 [J]. Contributions United States National Herbarium, 1907, 10:221-419.

Mannion A M. Diatoms: their use in physical geography [J]. Progress in Physical Geography, 1982, 6(2): 233-259.

Mark B E, Stoermer E F. Ecological, evolutionary, and systematic significance of diatom life histories[J]. Journal of Phycology, 1997, 33:897-918.

Martinson D G, Piasias N G, Hays J D, et al. Age dating and the orbital theory of the ice ages: development of a high resolution 0 to 300 000-year chronostratigraphy[J]. Quat. Res. 1987, 27: 1-29.

McDonald D, Pedersenc T F, Crusius J. Multiple late Quaternary episodes of exceptional diatom production in the Gulf of Alaska[J]. Deep Sea Research II, 1999, 46:2 993-3 017.

McManus J, Berelson M, Hammond E, et al. Barium Cycling in the North Pacific: Implications for the utility of Ba as a paleoproductivity and paleoalkalinity proxy[J]. Paleoceanography, 1999, 14(1): 53-61.

Mcquoid M R, Hobson L A. Diatom resting stages[J]. Journal of Phycology, 1996, 32:889-902.

Medlin L K, Kooistra W H C F, Gersonde R, et al. Is the origin of the diatoms related to the end-Permian mass extinction? [J]. Nova Hedwigia, 1997a, 65:1-11.

Medlin L K, Kooistra W H C F, Potter D, et al. Phylogenetic relationships of the "golden algae" (hepatophytes, heterokont chrysophytes) and their plastids[J]. Plant Systematics and Evolution, 1997b(S11): 187-210.

Metzger E, Hurlburt H. Coupled dynamics of the South China Sea, the Sulu Sea, and the Pacific Ocean[J]. J. Geophys. Res., 1996, 101:12 331-12 352.

Natori Y, Haneda A, Suzuki Y. Vertical and seasonal differences in biogenic silica dissolution in natural seawater in Suruga Bay, Japan: Effects of temperature and organic matter[J]. Marine Chemistry, 2006, 102: 230-241.

Ning X, Chai F, Xue H, et al. Physical-biological oceanographic coupling influencing phytoplankton and primary pro duction in the South China Sea[J]. J. Geophys. Res., 2004, 109, C10005, doi:10.1029/2004JC002365.

Patricia A S, David G M, Linda K M. Evolution of the diatoms: insights from fossil, biological and molecular data[J]. Phycologia, 2006b, 45(4):361-402.

Paytan A, Kastner M, Chavez F P. Glacial to Interglacial Fluctuations in Productivity in the Equatorial Pacific as Indicated by Marine Barite[J]. Science, 1996, 274:1 355-1 357.

Pflaumann W, Jian Z. Modern distribution patterns of plantonic foraminifera in the South China Sea and Western Pacific: A new transfer technique to estimate regional sea-surface temperatures[J]. Marine Geology, 1999, 156: 41-83.

Prakash Babu C, Brumsack H J, Schnetger B, et al. Barium as a productivity proxy in continental margin sediments: a study from the eastern Arabian Sea[J]. Marine Geology, 2002, 184: 189-206.

Pudsey C J, Turner J, Wolff E. Recent rapid regional climate warming on the Antarctic Peninsula[J]. Climatic Change, 2003, 60: 243-274.

Qu T. Upper layer circulation in the South China Sea[J]. Phys. Oceanogr., 2000, 30: 1 450- 1 460.

Ravlo A C, Fairbanks R G, Philander S G H. Reconstructing tropical Atlantic hydrography using plantonic foraminifera and ocean model[J]. Paleoceanography, 1990, 5(3): 409-431.

Redfield A C. The biological control of chemical factors in the environment[J]. Am. Sci., 1958, 46: 205-221.

Roberts D, McMinn A, Cremer H, et al. The Holocene evolution and palaeosalinity history of Beall Lake, Windmill Islands (East Antarctica) using an expanded diatom-based weighted averaging model[J]. Palaeogeography, Palaeoclimatology, Palaeoecology, 2004, 208: 121-140.

Roberts D, McMinn A. A weighted-averaging regression and calibration model for inferring lake water salinity from fossil diatom assembl ages insaline lakes of the Vest fold Hills: implications for interpreting Holocene lake histories in Antarctica[J]. Journal of paleolimnology, 1998, 19: 99-113.

Ross R. A revision of Rutilaria Greville (Bacillariophyta)[J]. Bulletin of the Natural History Museum, Botany, 1995, 25(1): 1-93.

Round F E, Crawford R M, Mann D G. The diatoms: biology and morphology of the genera[M]. Cambridge University Press, 1990.

Sancetta C, Silvestri S. Pleistocene-Pleistocene evolution of the North Pacific ocean-atmosphere system, interpreted from fossil diatoms[J]. Paleoceanography, 1986, 1(2): 163-180.

Sancetta C. Oceanography of the North Pacific during the last 18 000 years: Evidence from fossil diatoms [J]. Marine Micropaleontology, 1979, 4: 103-123.

Sarno D, Kooistra W H C F, Medlin L, et al. Diversity in the genus Skeletonema(Bacillariophyceae), II. An assessment of the taxonomy of *S costatum*-like species with the description of four new species[J]. Journal of Phycology, 2005, 41: 151-176.

Schmitz N B. Barium, equatorial high productivity, and the northward wandering of the Indian continent [J]. Paleoceanography, 1987, 2: 63-77.

Schrader H J, Schuette G. Marine diatoms[J]. In the Oceanic Lithosphere, ed. by C. Emiliani, John Wiley&Sons, Inc., 1981: 179-1 232.

Shackleton N J, Opdyke N D. Oxygen-isotope and Paleomagnetic stratigraphy of pacific core V28-239: Late Pliocene to latest Pleistocene. In: Investigation of Late Quaternary paleoceanography and paleoclimatology (R. M. Cline and J. D. hays eds.)[J]. Mem. Geol. Soc. Am., 1976, 145: 449-464.

Shackleton N J, Opdyke N D. Oxygen isotope and palaeomagnetic stratigraphy of Equatorial Pacific Core V28-238: Oxygen isotope temperatures and ice volumes on a 105-year and 106-year scale[J]. Quaternary Research, 1973, 3(1): 39-55.

Shaw P T. Seasonal variation of the intrusion of the Philippine sea water into the South China Sea[J]. J. Geophys. Res., 1991, 96: 821-827.

Shepard F P. Nomenclature based on sand silt clay ratios[J]. Journal of Sedimentary Petrology, 1954, 24: 151-158.

Simonsen R. The diatom system: ideas on phylogeny[J]. Bacillaria, 1979, 2: 9-71.

Sims P A. A revision of the genus Rattrayella De Toni including a discussion of related genera[J]. Diatom Research, 2006a, 21: 125-158.

Smayoa T J. Normal and accelerated sinking of phytoplankton in the sea[J]. Marine Geology,1971,11, 105-122.

Suto I. *Periptera tetracornusa* sp. nov. , a new middle Miocene diatom resting spore species from the North Pacific[J]. Diatom,2003,19:1-7.

Turner R E,Milan C S,Rabalais N N. A retrospective analysis of trace metals,C,N and diatom remnants in sediments from the Mississippi River delta shelf[J]. Marine Pollution Bulletin,2004,49:548-556.

Urey H C. The thermodynamic properties of isotopic substances[J]. J. Chem. Soc. ,1947:562-581.

Van B,Berger A J,Van der G G W,et al. Primary productivity and the silica cycle in the Southern Ocean (Atlantic Sector)[J]. Palaeogeography,Palaeoclimatology,Palaeoecology,1988,67:19-30.

Van Heurch H. A treatise on the Diatomaceae[M]. London:William Wesley & Son,1896.

Vos P C, De Wolf H. Reconstruction of sedimentary environments in Holocene coastal deposits of the southwest Netherlands: the Poortvliet boring, a case study of palaeoenvironmental diatom research [J]. Hydrobiologia,1993a,269/270:297-306.

Vos P C,De Wolf H. Diatoms as a tool for reconstructing sedimentary environments in coastal wetlands: methodological aspects[J]. Hydrobiologia,1993b,269/270:285-296.

Wang L,Jian Z,Chen J. Late Quternary pteropods in the South China Sea:Carbonate preservation and paleoenvironmental variation[J]. Mar. Micropaleontol,1997,32: 115-126.

Wang P,Wang L,Bian Y, et al. Late Quaternary paleoceanography of the South China Sea: Surface circulation and carbonate cycles[J]. Marine Geology,1995,127: 145-165.

Weaver P P E, Kuijpers A. Climatic control of turbidite depositionon the Madeira abyssal plain[J]. Nature,1983,306:360-363.

Wells P, et al. Response of deep-sea benthic foraminifera to Late Quaternary climate changes,southeast Indian Ocean,offshore weatern Australia[J]. Mar. Micropaleontol,1994,23:185-229.

Wiesner M G,Zheng L,Wong H K. Fluxes of particulate matter in the South China Sea. In:Ittekkot V, Schäfer P,Honjo S,et al. Particle Flux in the Ocean[M]. New York:John Wiley and Sons,1996.

Xiao Jule,Zheng Hongbo,Zhao Hua. Variation winter monsoon intensity on the Loess Plateau,Central China during the last 130 000 years: evidence from the grain size distribution[J]. Quaternary Research,1992, 31:13-19.

Xu Xuedong, M Oda. Surface-water evolution of the eastern East China Sea during the last 36 000 years [J]. Mar Geol,1999,156:285-304.

Zhou B, Zhao Q. Allochthonous ostracods in the Marine Geology,South China Sea and their significance in indicating downslope sediment contamination[J]. Marine Geology,1999,156(1-4):187-195.

Zingone A, Percopo I, Sims P A, et al. Diversity in the genus Skeletonema (Bacillariophyceae), I. A reexamination on the type material of *S. costatum* with the description of S. grevillei sp. Nov. [J]. Journal of Phycology,2005,41:140-150.

图版 1

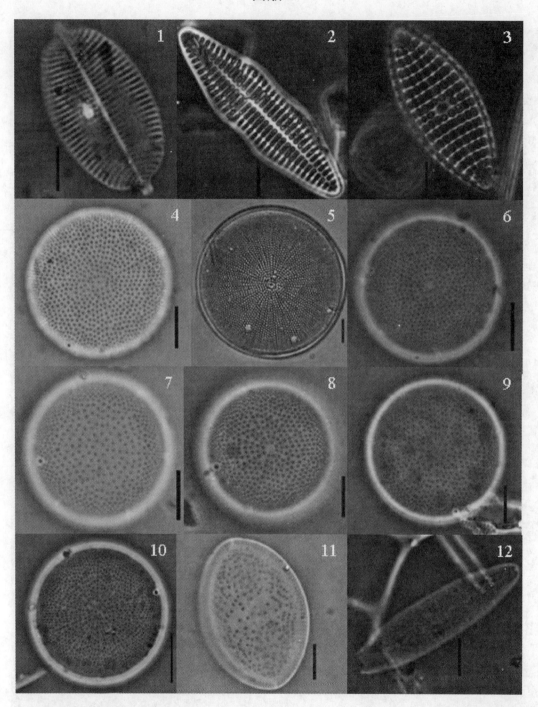

1. 柠檬曲壳藻 *Achnanthes orientalis* (Mann) Hustedt; 2. 曲壳藻未定种 1 *Achnanthes* sp. 1; 3. 曲壳藻未定种 2 *Achnanthes* sp. 2; 4~6. 爱氏辐环藻 *Actinocyclus ehrenbergii* ralfs; 7~10. 爱氏辐环藻优美变种 *Actinocyclus ehrenbergii* var. *tenella* (Breb.) Hustedt; 11. 椭圆辐环藻 *Actinocyclus ellipticus* Grunow; 12. 长辐环藻 *Actinocyclus elongatus* Grunow (图版中标尺除特殊注明外,均为 10μm)

图版 2

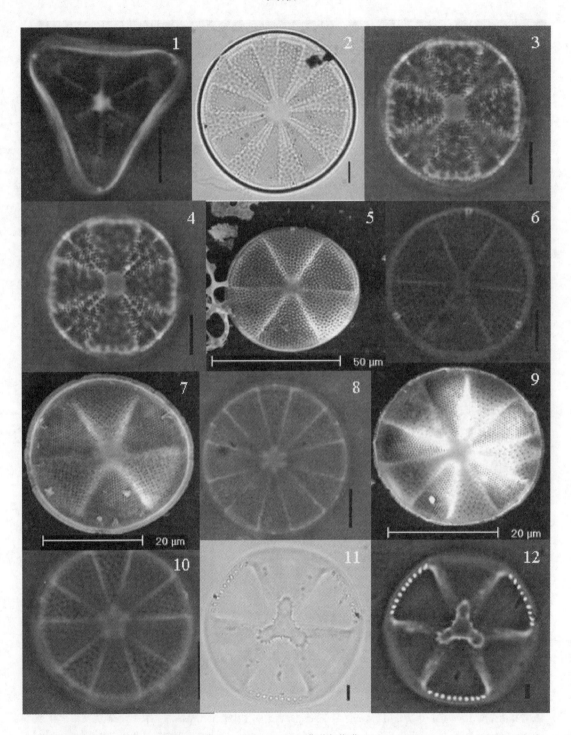

1. 环状辐裥藻 Actinoptychus annulatus (Wall.) Grunow; 2~4. 华美辐裥藻 Actinoptychus splendens (Shadb.) Ralfs; 5~7. 波状辐裥藻 Actinoptychus undulates (Bail.) Ralfs; 8~10. 中等辐裥藻 Actinoptychus vulgaris Schumann; 11、12. 三舌辐裥藻 Actinoptychus trilingulatus (Ehr.) Ralfs

图版 3

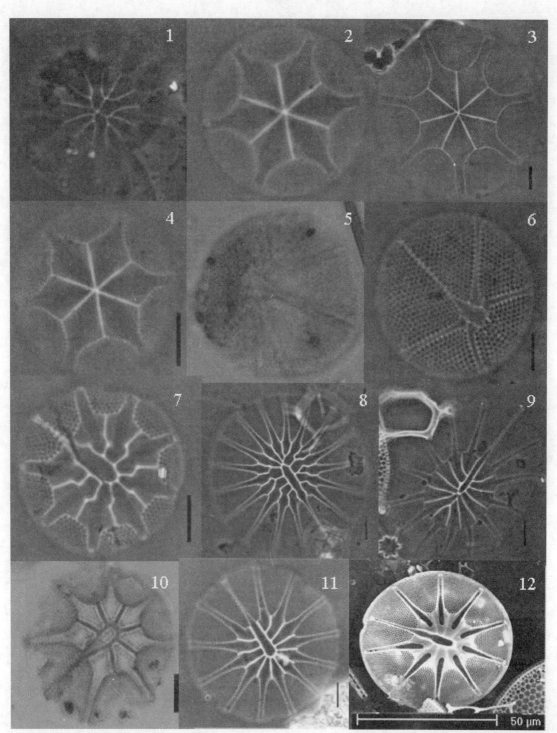

1. *Asterolampra grevillei* (Wall.) Greville*;2～4. 南方星纹藻 *Asterolampra marylandica* Ehrenberg;5、6. 蛛网星脐藻 *Asteromphalus arachne* (Breb.) Ralfs;7. 小形星脐藻 *Asteromphalus diminutus* Mann;8、9. 美丽星脐藻 *Asteromphalus elegans* Greville;10～12. 扇形星脐藻 *Asteromphalus flabellatus* (Breb.) Greville

图版 4

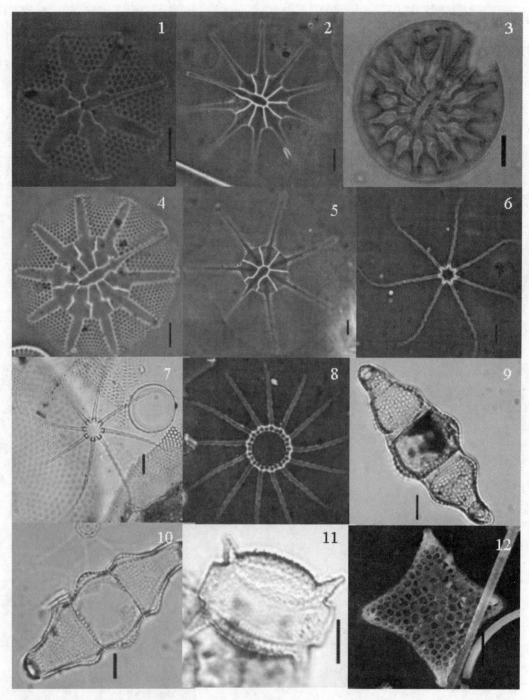

1. 近圆星脐藻 *Asteromphalus heptactis* (Breb.) Ralfs；2. 胡克星脐藻 *Asteromphalus hookei* Ehrenberg；3. 复瓦状星脐藻 *Asteromphalus imbricatus* Wallich；4. 粗星脐藻 *Asteromphalus robustus* Castracane；5. 罗珀星脐藻 *Asteromphalus roperianus* (Grun.) Ralfs；6～8. 透明辐杆藻 *Bacteriastrum hyalinum* Lauder；9、10. 颗粒盒形藻 *Biddulphia granulate* Roper；11、12. 网状盒形藻 *Biddulphia reticulate* Roper

图版 5

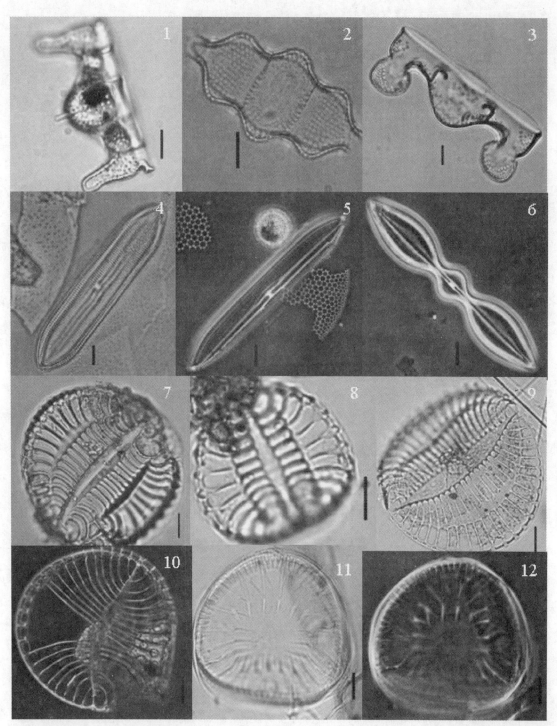

1、2 托氏盒形藻 *Biddulphia tuomegi* (Bailey) Roper；3. 盒形藻未定种 *Biddulphia* sp.；4、5 贾泥美壁藻 *Caloneis janischiana* (Rab.) Boyer；6. 蛇头美壁藻 *Caloneis ophiocephala* (Cleve et Grove) Cleve；7～9. 布氏马鞍藻 *Campylodiscus brightwellii* Grunow；10～12. 辣氏马鞍藻 *Campylodiscus ralfsii* W. Smith

图版 6

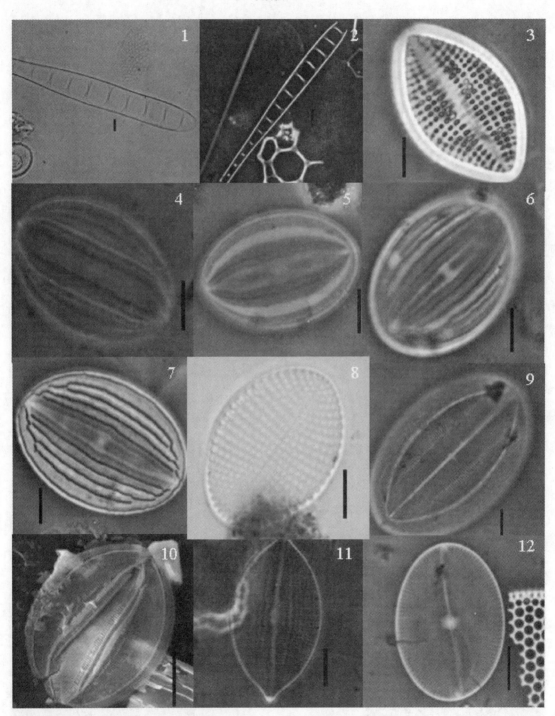

1、2. 串株梯楔藻 *Clinacosphenia moniligera* Ehrenberg; 3. 稀纹卵形藻 *Cocconeis distans* Gregory; 4. 异向卵形藻 *Cocconeis heteroidea* Hantzsch; 5~7. 异向卵形拱纹变种 *Cocconeis heteroidea* var. *curvirotunda* (Temp. et Brun) Cleve; 8. 盾卵形藻 *Cocconeis scutellum* Ehrenberg; 9. 卵形藻未定种 1 *Cocconeis* sp. 1; 10. 卵形藻未定种 2 *Cocconeis* sp. 2; 11. 卵形藻未定种 3 *Cocconeis* sp. 3; 12. 卵形藻未定种 4 *Cocconeis* sp. 4

图版 7

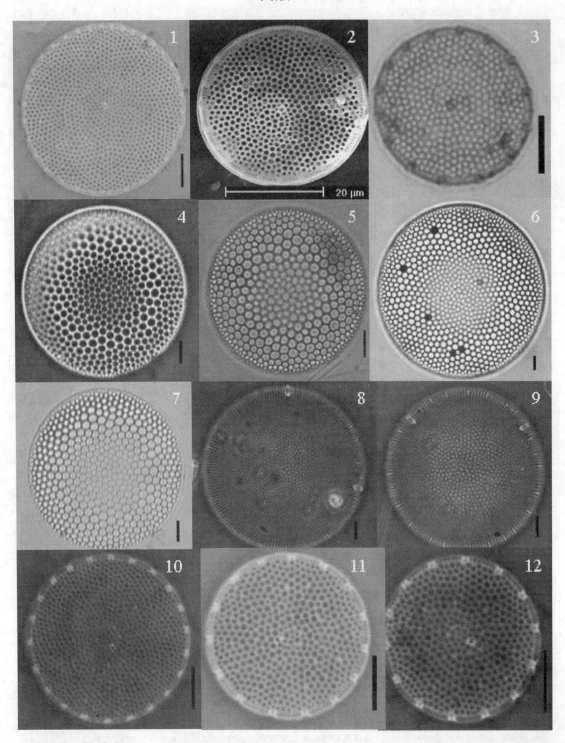

1~3. 非洲圆筛藻 *Coscinodiscus africanus* Janisch; 4~7. 蛇目圆筛藻 *Coscinodiscus argus* Ehrenberg; 8、9. 中心圆筛藻 *Coscinodiscus centralis* Ehrenberg; 10~12. 细圆齿圆筛藻 *Coscinodiscus crenulatus* Grunow

图版 8

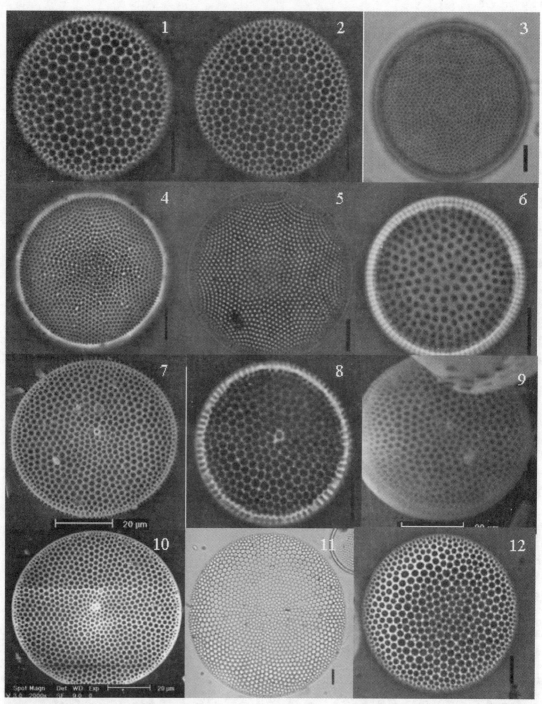

1、2. 减小圆筛藻 Coscinodiscus decrescens Grunow；3～5. 库氏圆筛藻 Coscinodiscus kutzingii A. Schmidt；6. 光亮圆筛藻 Coscinodiscus nitidus Gregory；7～10. 结节圆筛藻 Coscinodiscus nodulifer A. Schmidt；11. 虹彩圆筛藻 Coscinodiscus oculusiridis Ehrenberg；12. 辐射圆筛藻 Coscinodiscus radiatus Ehrenberg

图版 9

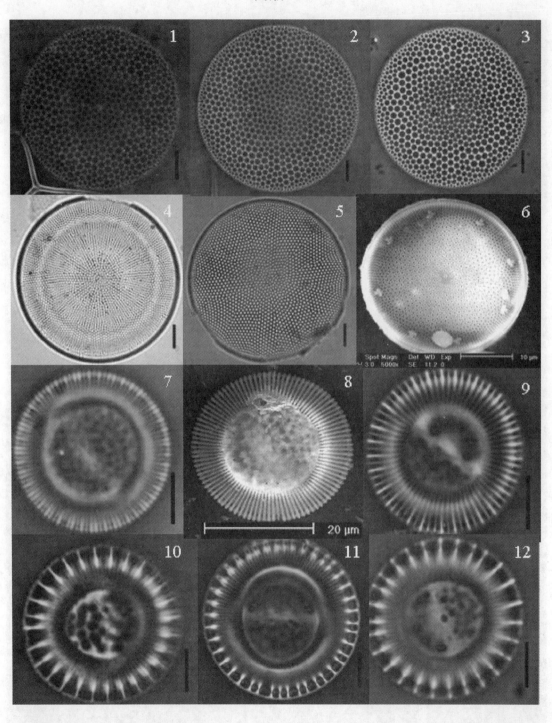

1～3. 辐射圆筛藻 *Coscinodiscus radiatus* Ehrenberg；4. 洛氏圆筛藻 *Coscinodiscus rothii*（Ehr.）Grunow；5. 细弱圆筛藻 *Coscinodiscus subtilis* Ehrenberg；6. 圆筛藻未定种 *Coscinodiscus* sp.；7～9. 条纹小环藻 *Cyclotella striata*（Kuetz.）Grunow；10～12. 柱状小环藻 *Cyclotella stylorum* Brightwell

图版 10

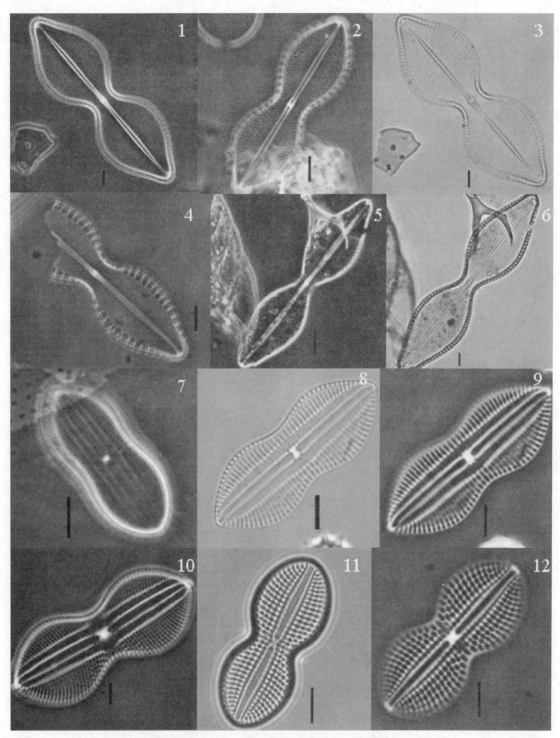

1~6. *Dictyoneis marginata* (F. W. Lewis) Cleve*; 7~9. 拜里双壁藻 *Diploneis beyrichiana* (A. S.) Amosse; 10. 瓶形双壁藻 *Diploneis bomboides* (A. S.) Cleve; 11、12 蜂腰双壁藻 *Diploneis bombus* Ehrenberg

图版 11

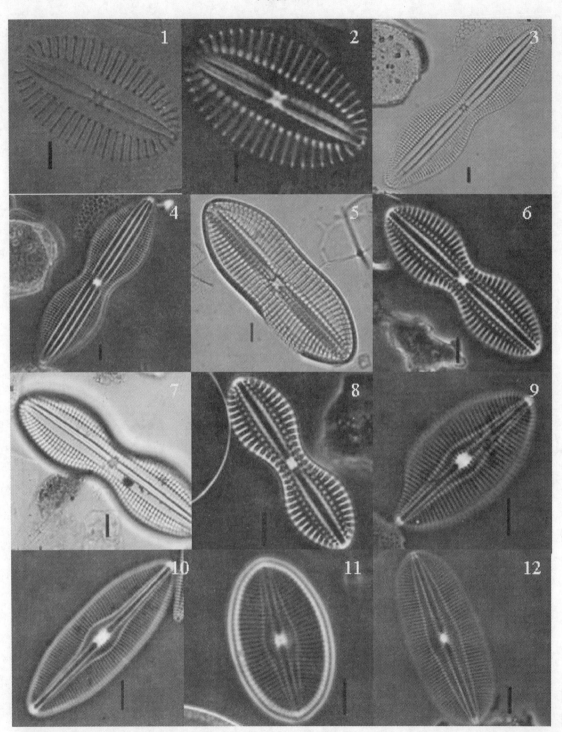

1、2. 马鞍双壁藻 Diploneis campylodiscus (Grun.) Cleve; 3、4. 查尔双壁藻 Diploneis chersonensis (Grun.) Cleve; 5. 黄蜂双壁藻 Diploneis crabro Ehrenberg; 6~8. 黄蜂双壁藻可疑变型 Diploneis crabro f. suspecta (A.S.) Hustedt; 9~12. 椭圆双壁藻 Diploneis elliptica (Kutz.) Cleve

图版 12

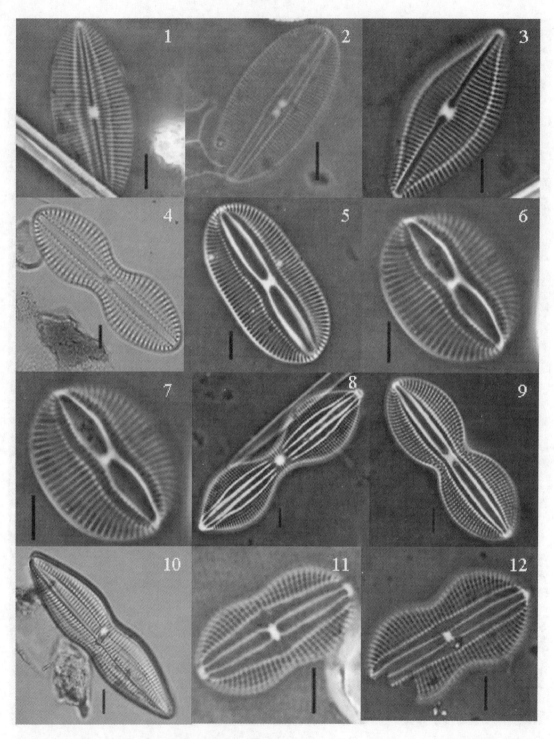

1、2. 淡褐双壁藻 *Diploneis fusca*（Greg.）Cleve；3. 光亮双壁藻 *Diploneis nitescens*（Greg.）Cleve；4. 内弯双壁藻 *Diploneis incurvata*（Greg.）Cleve；5～7. 近圆双壁藻 *Diploneis suborbicularis*（Greg.）Cleve；8～10. 辣氏马鞍藻 *Campylodiscus ralfsii* W. Smith；11. 双壁藻未定种 1 *Diploneis* sp. 1；12. 双壁藻未定种 2 *Diploneis* sp. 2

图版 13

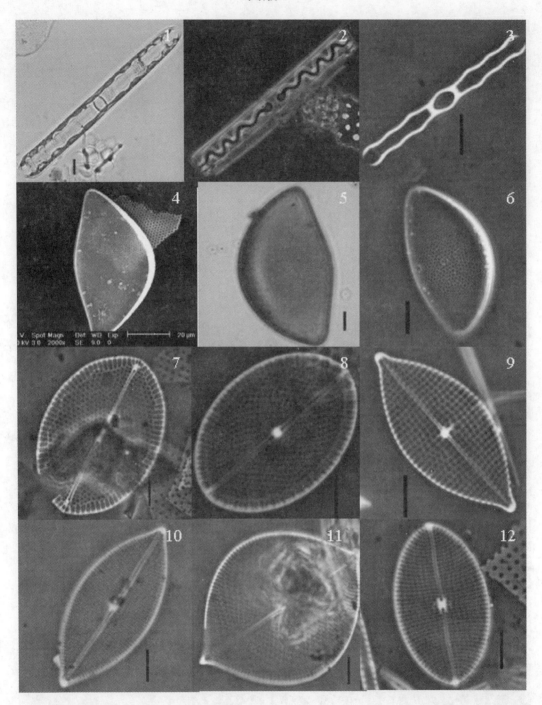

1、2. 牢固斑条藻 *Grammatophora fundata* Mann；3. 波状斑条藻 *Grammatophora undulate* Ehrenberg；4～6. 楔形半盘藻 *Hemidiscus cuneiformis* Wallich；7、8. 睫毛胸隔藻 *Mastogloia fimbriata* (Brightwell) Cleve；9. 曲壳胸隔藻 *Mastogloia achnanthioides* Mann；10. 巴哈马胸隔藻 *Mastogloia bahamensis* Cleve；11. 尖胸隔藻 *Mastogloia peracuta* Janisch；12. 卵菱胸隔藻 *Mastogloia ovum Paschale* (A. S.) Mann

图版 14

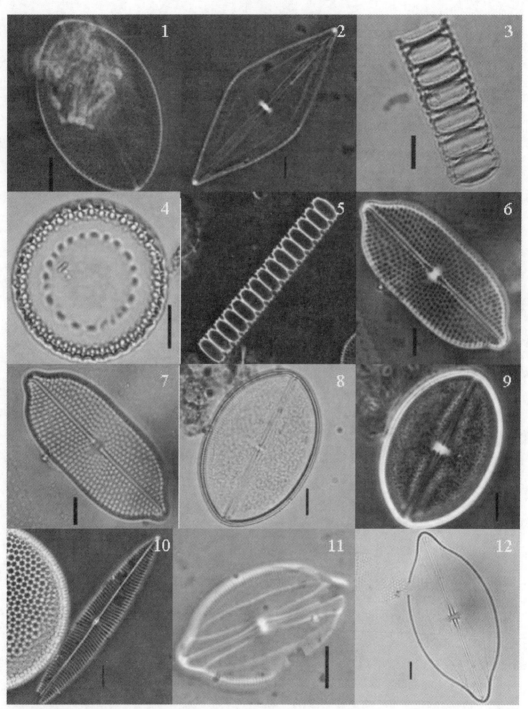

1. 卵菱胸隔藻 *Mastogloia ovum Paschale*（A. S.）Mann；2. 胸隔藻未定种 *Mastogloia* sp.；3～5. 具槽直链藻 *Melosira sulcata*（Ehr.）Kutzing；6、7. 阿拉伯舟形藻 *Navicula arabica* Grunow；8、9. 圆口舟形藻 *Navicula circumsecta* Grunow；10. 系带舟形藻 *Navicula cincta*（Ehr.）Van Heurck；11. 棍棒舟形藻 *Navicula clavata* Gregory；12. 棍棒舟形藻印度变种 *Navicula clavata* var. *indica*（Grev.）Cleve

图版 15

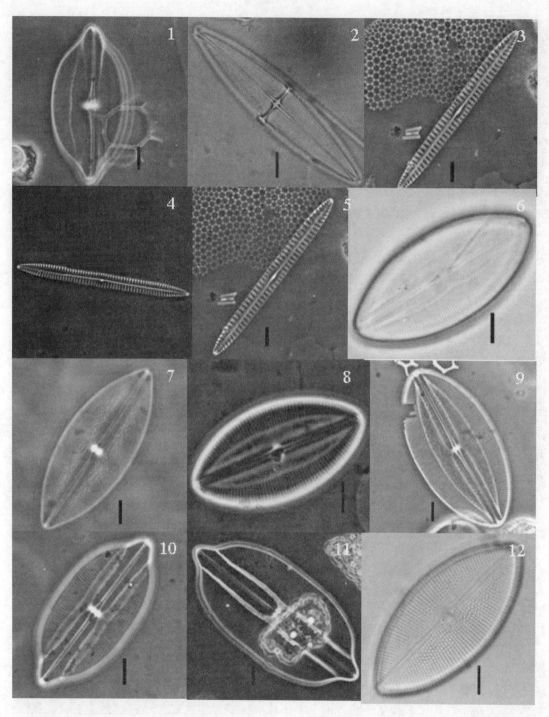

1. 棍棒舟形藻印度变种 *Navicula clavata* var. *indica* (Grev.) Cleve; 2. 十字舟形藻 *Navicula crucicula* (W. Sm.) Donkin; 3～5. 直舟形藻 *Navicula directa* (W. Sm.) Ralfs; 6. 钳状舟形藻 *Navicula forcipata* Greville; 7. 颗粒舟形藻 *Navicula granulata* Baily; 8、9 海氏舟形藻 *Navicula hennedyi* W. Smith; 10、11. 琴状舟形藻 *Navicula lyra* Ehrenberg; 12. 海洋舟形藻 *Navicula marina* Ralfs

图版 16

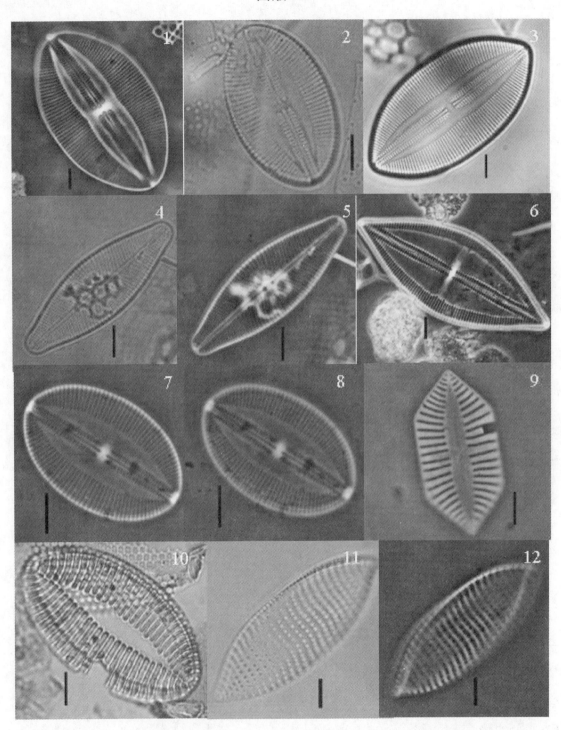

1～3. 美丽舟形藻 *Navicula spectabilis* Gregory；4、5. 舟形藻未定种 1 *Navicula* sp. 1；6. 舟形藻未定种 2 *Navicula* sp. 2；7、8. 舟形藻未定种 3 *Navicula* sp. 3；9. 舟形藻未定种 4 *Navicula* sp. 4；10. 卵形菱形藻 *Nitzschia cocconeiformis* Grunow；11、12. 颗粒菱形藻 *Nitzschia granulata* Grunow

图版 17

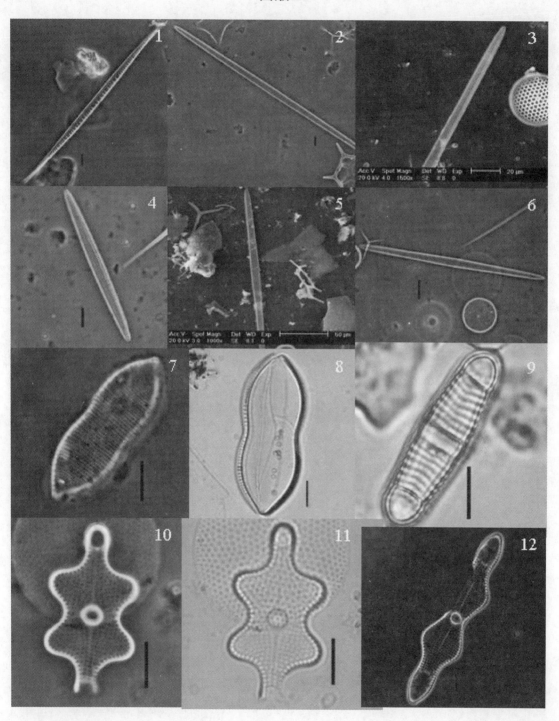

1. 洛伦菱形藻密条变种 Nitzschia lorenziana var. densestrianta Grunow；2～6. 海洋菱形藻 Nitzschia marine Grunow；
7、8. 琴式菱形藻 Nitzschia panduriformis Gregory；9. 美丽斜斑藻 Plagiogramma pulchellum Greville；
10、11. Plagiogramma papille Cleve v. Greve*；12. 斜斑藻未定种 Plagiogramma sp.

图版 18

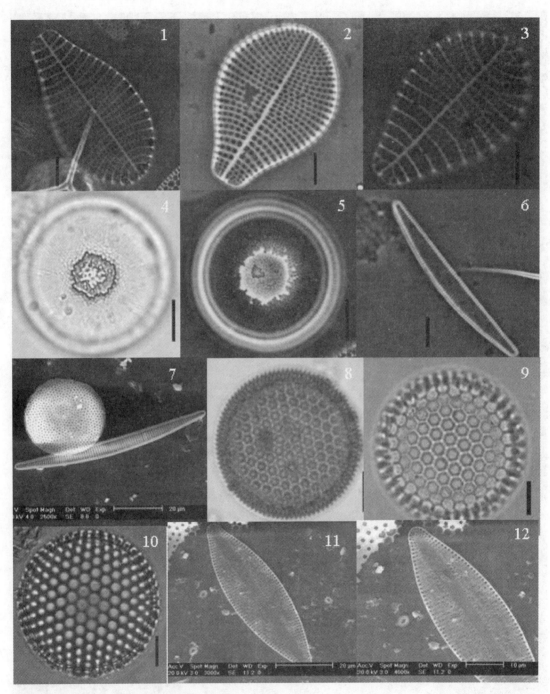

1~3. 佛焰足囊藻 *Podocystis spathulata* (Shadb.) Van Heurck；4、5. 星形柄链藻 *Podosira stelliger* (Bail.) Mann；
6、7. 鼓形伪短缝藻 *Pseudo-Eunotia doliolus* (Wall.) Grunow；8~10. 范氏圆箱藻 *Pyxidicula weyprechtii* Grunow；
11、12. 双菱缝舟藻澳洲变种 *Raphoneis surirella* var. *australis* Petit

图版 19

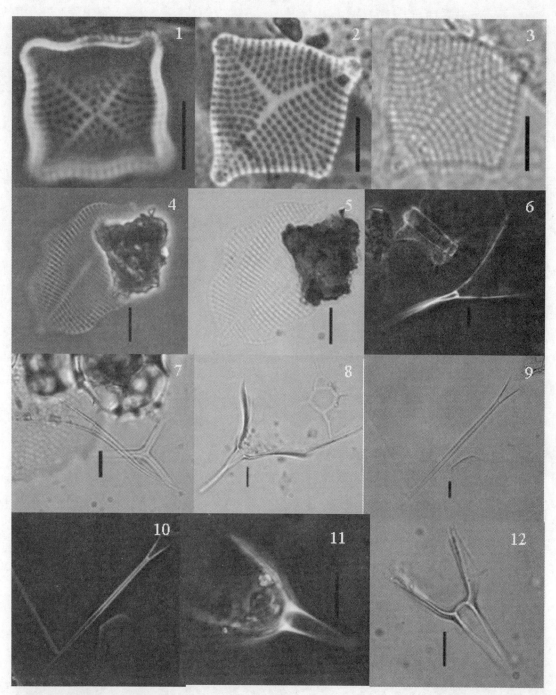

1. 双角缝舟藻四角形变种 Rhaphoneis amphiceros var. tetragona Grunow; 2、3. 双角缝舟藻四角变形 Rhaphoneis amphiceros f. tetragona Sun et Lan**; 4、5. 缝舟藻未定种 Rhaphoneis sp.; 6、7. 距端根管藻 Rhizosolenia calcaravis M. Schultze; 8. 卡氏根管藻 Rhizosolenia castracanei Peragallo; 9、10. 刚毛根管藻 Rhizosolenia setigera Brightwell; 11、12. 笔尖根管藻 Rhizosolenia styliformis Brightwell

图版 20

1~7. 方格罗氏藻 *Roperia tesselata* (Rop.) Grunow; 8. *Rutilaria radiate* Gr. & St.*; 9~12. 约翰逊斑盘藻 *Stictodiscus johnsonianus* Greville

图版 21

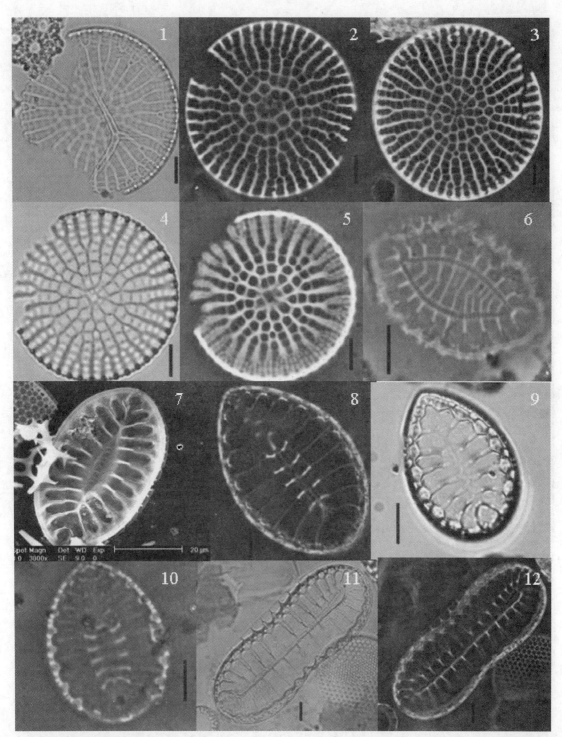

1~5. 珠网斑盘藻 Stictodiscus arachne Sun et Lan**；6. 华壮双菱藻 Surirella fastuosa Ehrenberg；7. 华壮双菱藻楔形变种 Surirella fastuosa var. recens (A.S.) Cleve；8~10. 流水双菱藻 Surirella fluminensis Grunow；11、12. 墨西哥双菱藻 Surirella mexicana A. Schmidt

图版 22

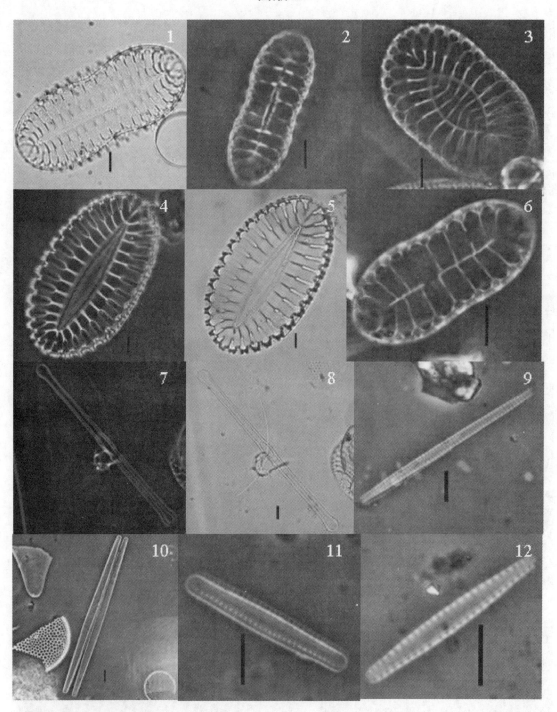

1. 墨西哥双菱藻 Surirella mexicana A. Schmidt；2. 塞舌耳双菱藻两行变种 Surirella seychellarum var. biseriata Hustedt；3. 双菱藻未定种 1 Surirella sp.1；4、5. 双菱藻未定种 2 Surirella sp.2；6. 双菱藻未定种 3 Surirella sp.3；7、8. Tabellaria fenestrate (Lyngby)；9、10. 菱形海线藻 Thalassionema nitzschioides Grunow；11、12. 菱形海线藻小形变种 Thalassionema nitzschioides var. parva Heiden et Kolbe

图版 23

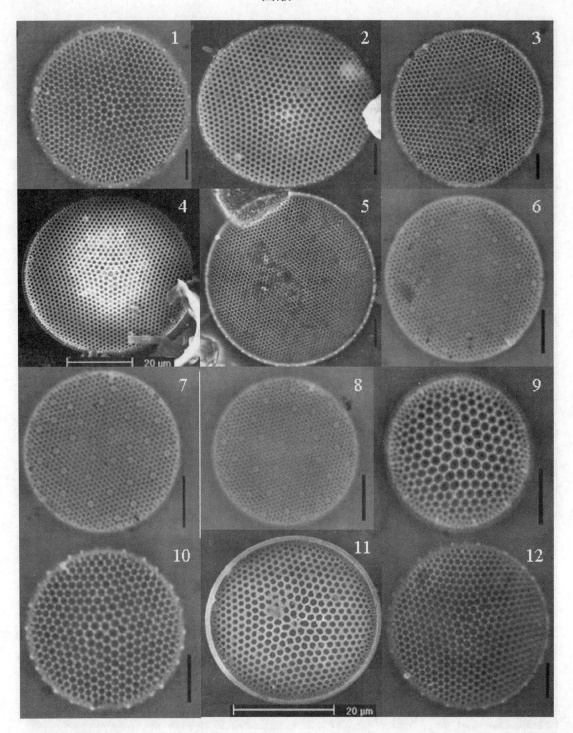

1~4. 离心列海链藻 Thalassiosira excentrica (Ehr.) Cleve；5. 细长列海链藻 Thalassiosira leptopus (Grun.) Hasle；
6~8. 线性海链藻 Thalassiosira lineata Jouse；9. 厄氏海链藻 Thalassiosira Oestrupii (Ostenfeld) Proschkina Lavrenk；
10~12. 太平洋海链藻 Thalassiosira pacifica Gran et Angst

图版 24

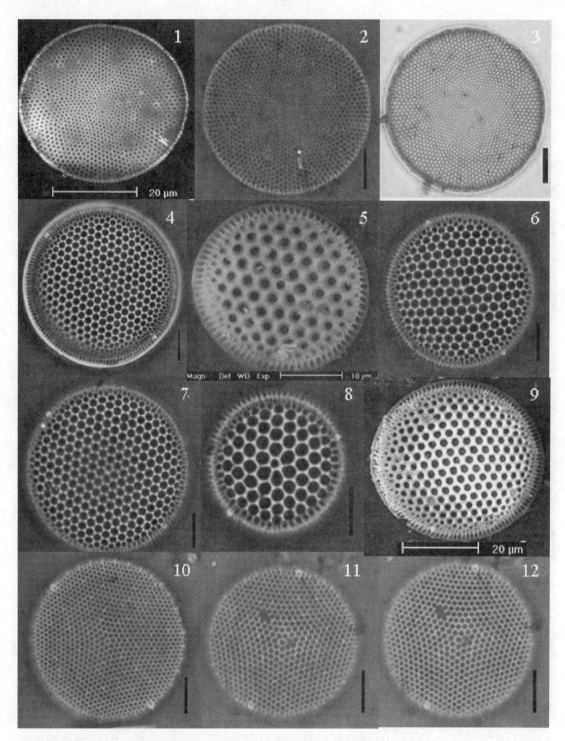

1～3. 塞克海链藻 *Thalassiosira sackettii* G. Fryxell; 4～9. 斯摩森海链藻 *Thalassiosira simonsenii* Hasle; 10～12. 对称海链藻 *Thalassiosira symmetrica* Fryxell et Hasle

图版 25

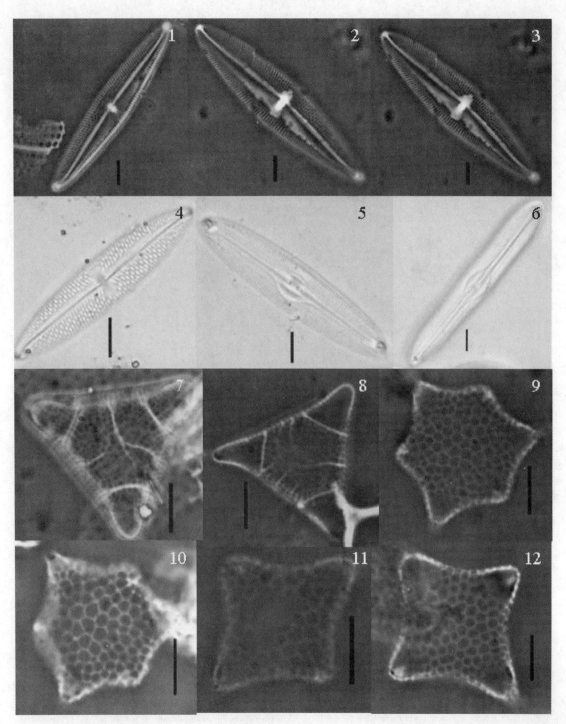

1~3. 安蒂粗纹藻 Trachyneis antillarum Cleve；4. 粗纹藻伸长变种 Trachyneis aspera var. producta Chin et Cheng；5、6. 德比粗纹藻 Trachyneis debyi (Leud.-Fortm.) Cleve；7、8. 改变三角藻 Triceratium alternans T. W. Bailey；9~12. 不规则三角藻 Triceratium dubium Brightwell

图版 26

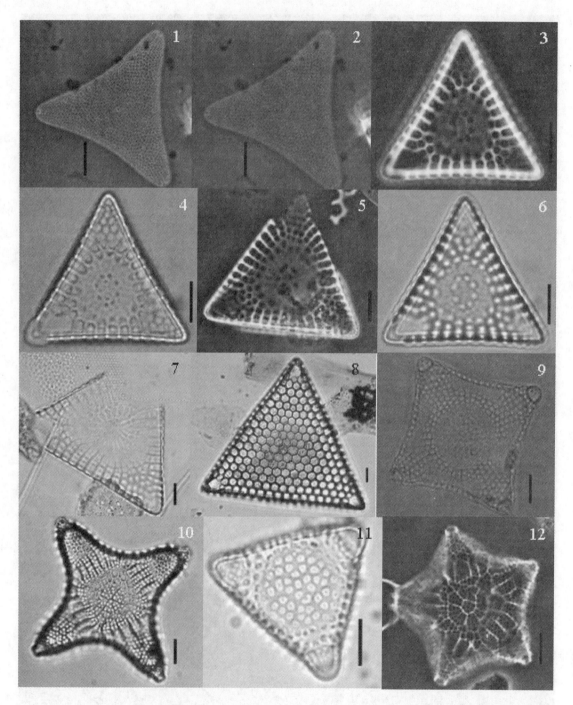

1、2. 肉桂色三角藻 *Triceratium cinnamoneum* Greville；3～7. *Triceratium contumax* Mann*；8. 蜂窝三角藻 *Triceratium favus* Ehrenberg；9. 美丽三角藻方面变种 *Triceratium formosum* var. *quadrangularis* Hustedt；10. 结合三角藻 *Triceratium junctum* A. Schmidt；11. 网纹三角藻 *Triceratium reticulum* Ehrenberg；12. 五角星三角藻 *Triceratium pentacrinus* Wallich

图版 27

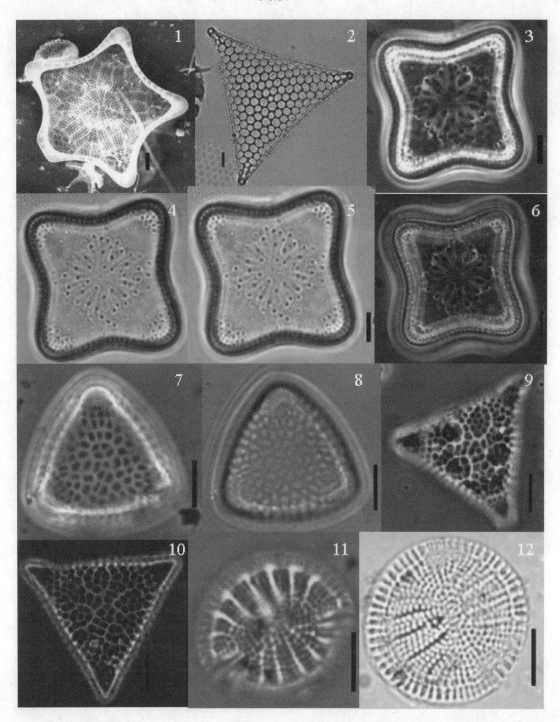

1. 五角星三角藻 *Triceratium pentacrinus* Wallich；2. 垂纹三角藻 *Triceratium perpendiculare* Lin et Chin；3～6 *Triceratium suboffieiosum* Hustedt*；7、8. 三角藻未定种 1 *Triceratium* sp. 1；9、10. 三角藻未定种 2 *Triceratium* sp. 2；11、12. 卵形褶盘藻 *Tryblioptychus cocconeiformis* (Cl.) Hendey

图版 27

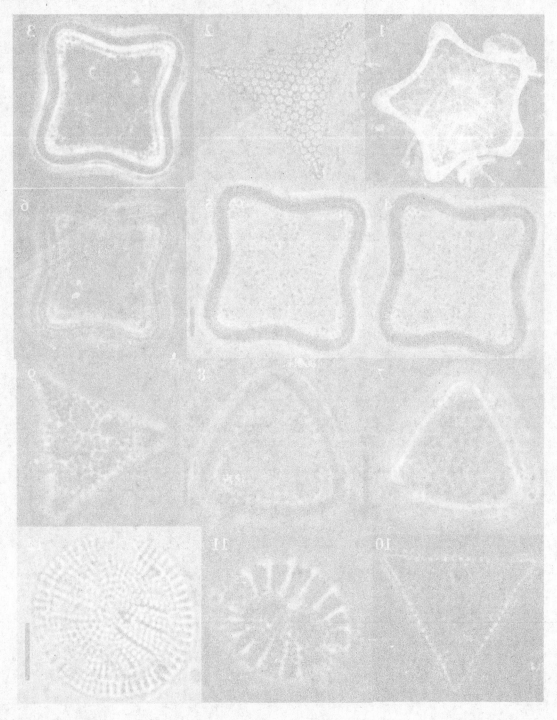

1. 五角星三角藻 Triceratium pentacrinus Wallich; 2. 垂叉三角藻 Triceratium perpendiculare Lin et Chin; 3—6. Triceratium inbofiananum Fusedo; 7, 8. 三角藻未定种 1 Triceratium sp. 1; 9, 10. 三角藻未定种 2 Triceratium sp. 2; 11, 12. 箱胞根盆藻 Trybliopyschus corconeiformis (Cl.) Hendey